AI创意绘画与视频制作

基于Stable Diffusion和ControlNet

马健健 / 编著

清华大学出版社
北京

内 容 简 介

本书将带领读者探索AI绘画和短视频创作的奇妙世界。本书详细介绍Stable Diffusion的基本概念、原理及其主要功能的使用，阐述如何使用提示词生成创意无限的图像，如何使用ControlNet插件对图像进行精细调整，如何使用Stable Diffusion结合各类插件和第三方应用进行视频制作。书中精选了大量案例，介绍了AI工具文生图、图生图的创作技巧，以及当前主流短视频平台中使用Stable Diffusion制作短视频所需的热门技术工具，如Deforum、LoopBack Wave、DepthMap、TemporalKit和EbSynth等。

本书内容丰富，理论与实践并重，既适合初学者作为自学参考书，也适合设计师、数字媒体从业者作为参考手册，同时还可以作为高等院校数字媒体等相关专业的教学用书。

图书在版编目（CIP）数据

AI创意绘画与视频制作：基于Stable Diffusion和ControlNet/马健健编著. —北京：清华大学出版社，2023.10
　　ISBN 978-7-302-64718-8

　　Ⅰ.①A… Ⅱ.①马… Ⅲ.①图像处理软件②视频制作 Ⅳ.①TP391.413②TN948.4

中国国家版本馆CIP数据核字（2023）第192565号

责任编辑：王金柱
封面设计：王　翔
责任校对：闫秀华
责任印制：丛怀宇
出版发行：清华大学出版社
　　　网　　　址：http://www.tup.com.cn，http://www.wqbook.com
　　　地　　　址：北京清华大学学研大厦A座　　　　　邮　　编：100084
　　　社 总 机：010-83470000　　　　　　　　　　　邮　　购：010-62786544
　　　投稿与读者服务：010-62776969，c-service@tup.tsinghua.edu.cn
　　　质量反馈：010-62772015，zhiliang@tup.tsinghua.edu.cn
印 装 者：三河市龙大印装有限公司
经　　销：全国新华书店
开　　本：185mm×235mm　　　印　　张：14.25　　　字　　数：342千字
版　　次：2023年11月第1版　　　印　　次：2023年11月第1次印刷
定　　价：119.00元

产品编号：102635-01

前 言 PREFACE

以ChatGPT为代表的AIGC（人工智能制作内容）技术的兴起，掀起了大众学习AI技术和工具的热潮，除了ChatGPT和GPT-4大型语言模型应用火热之外，通过AI自动生成各种风格的图像的技术也进入人们的视野，这其中包含了Midjourney和Stable Diffusion等。传统的数字艺术中，如果我们要制作人物动画和角色图像，需要做草图，通过3D建模工具进行建模并赋予贴图，同时还需要引入光源和渲染模式，制作工序相当复杂而且耗时较长。然而，AI绘图工具彻底改变了这一切，通过提示词（或者在参考图的引导下）即可迅速生成需要的图像。

基于开源方式的Stable Diffusion由于灵活度和自由度更高，使其得到了广泛的使用，大量基于Stable Diffusion制作的精美图像和视频也出现在各个主流短视频平台上。遗憾的是，市面上系统介绍Stable Diffusion与CoutrolNet结合进行绘画与视频制作的书很少，网络上的知识又呈现碎片化，想要系统掌握Stable Diffusion和ControlNet的应用比较困难。基于此，本书从基础知识着手，详细介绍如何进行工具的安装，如何使用文生图和图生图模块生成相关图像，如何使用提示词，如何结合ControlNet，以及如何使用Deforum等插件进行AI生成视频。总的来说，这是一本端到端关于Stable Diffusion的技术大全，如果读者想从事AI绘画方面的工作或正向着成为AI艺术家而努力，那么阅读这本书就够了。

本书主要包含3个部分，首先是基础知识部分，从人工智能的发展讲述生成式AI的发展历程，以及AIGC的技术栈和当前热门产品，让读者对AI有一个清晰的认识。第二部分介绍Stable Diffusion的主要功能，以及如何使用ControlNet插件对图像进行精细调整，同时结合大量热

门技术和方法，详尽介绍如何生成当前主流短视频平台的AI图像。最后一部分介绍如何使用Stable Diffusion结合各类插件和第三方应用进行视频制作，使得非艺术科班的读者也有机会做出和大师媲美的作品。

技术的发展速度超出想象，为了写作本书，笔者收集了大量的信息，以及研究并实践了最先进的AI绘画技术和热门方案，尽力为读者提供翔实的介绍和详尽的操作步骤说明，以期待更多的读者加入AI绘画的队伍中，共同促进AI绘画技术和方案的成熟。

由于编者水平有限，书中难免存在不当之处，敬请广大读者和专家批评指正。

在这里特别感谢王金柱编辑给予的帮助和指导，以及妻子姚女士对我的鼓励和支持。

马健健

2023年7月

目 录 CONTENTS

第1章 概述 ………………………………………………………………… 1

1.1 为什么使用Stable Diffusion …………………………………………… 1

1.2 AI图像生成模型介绍 …………………………………………………… 2

1.3 从小白到AI艺术家 ……………………………………………………… 4

1.4 总结 ……………………………………………………………………… 4

1.5 练习 ……………………………………………………………………… 4

第2章 人工智能与图像生成技术 …………………………………………… 5

2.1 人工智能的发展历程 …………………………………………………… 5

2.2 图像生成技术的基本原理 ……………………………………………… 6

2.2.1 深度神经网络图像生成技术 ……………………………………… 6

2.2.2 Stable Diffusion的关键组件 ……………………………………… 7

2.3 深度学习框架PyTorch基础 …………………………………………… 9

2.4 AIGC技术框架介绍 …………………………………………………… 10

2.4.1 GAN对抗网络 …………………………………………………… 10

2.4.2 VAE变分自编码器 ……………………………………………… 12

2.4.3 NeRF辐射神经网络 ……………………………………………… 12

2.4.4 CLIP对比性语言—图像预训练模型 …………………………… 12

2.4.5 CodeFormer人脸清晰化模型 …………………………………… 13

2.5　总结 ··· 14

2.6　练习 ··· 14

第3章　Stable Diffusion技术 ··· 15

3.1　Stable Diffusion的基本概念和原理 ·· 15

3.2　安装Stable Diffusion Web UI ··· 18

3.3　Stable Diffusion的界面 ··· 24

3.4　Stable Difussion的模型 ··· 25

3.5　生成多个角色同框 ··· 28

3.6　Inpaint绘制 ·· 34

3.7　Outpaint绘制 ·· 37

3.8　修复面部细节 ·· 39

3.9　总结 ··· 42

3.10　练习 ·· 42

第4章　ControlNet的使用 ·· 43

4.1　ControlNet的基本概念 ·· 43

4.2　ControlNet的安装 ··· 44

4.3　ControlNet的使用方法 ·· 45

4.4　ControlNet中的模型 ··· 50

4.4.1　案例一：不同模型下的效果 ··· 51

4.4.2　案例二：不同模型下的效果 ··· 56

4.4.3　ControlNet中的Inpaint ·· 63

4.5　总结 ··· 65

4.6　练习 ··· 65

第5章　结合Stable Diffusion和ControlNet进行AI绘画创作 ·································· 66

5.1　Stable Diffusion和ControlNet结合使用的优势 ··· 66

5.2　使用ControlNet生成不同角度的图像 ··· 67

5.3　ControlNet和Latent Couple结合使用 ··· 69

5.4　ControlNet生成线稿图 ·· 76

5.5　使用LoRA进行高阶参数微调生成精细图像 ·· 79

5.6　ControlNet对光线的控制 ··· 84

5.7　Depth Library修复手部 ··· 88

Directory 目 录

5.8　总结 ·· 93

5.9　练习 ·· 93

第6章　Prompt提示词设计 ··· 94

6.1　什么是Prompt ··· 94

6.2　Prompt的基本构成 ·· 97

6.2.1　主语 ··· 97

6.2.2　修饰语 ·· 104

6.3　正向提示词和反向提示词 ··· 127

6.4　人物服装类提示词 ·· 135

6.5　角色铠甲类提示词 ·· 148

6.6　动物图像的生成 ·· 154

6.6.1　老虎 ·· 154

6.6.2　鸟类 ·· 156

6.6.3　狮子 ·· 158

6.6.4　凤凰 ·· 159

6.6.5　熊猫 ·· 160

6.7　参数的使用 ·· 162

6.7.1　CFG Scale（提示词引导系数） ·· 162

6.7.2　Sampling method（采样方法） ·· 163

6.7.3　Seed（种子） ··· 166

6.7.4　Sampling steps（稳定扩散） ··· 168

6.7.5　分辨率 ·· 169

6.8　总结 ·· 170

6.9　练习 ·· 170

第7章　Stable Diffusion与ControlNet绘画实例 ································ 171

7.1　通过ControlNet生成漫画 ··· 171

7.2　通过Stable Diffusion和ControlNet绘制360°全景图像 ························· 177

7.3　生成QR二维码 ··· 182

7.4　生成卡通风格的小屋 ·· 184

7.5　总结 ·· 186

7.6　练习 ·· 186

第8章　动画的制作 ……………………………………………………………………… 187

8.1　使用Deforum插件制作动画 …………………………………………………… 188

8.1.1　什么是Deforum ………………………………………………………… 188

8.1.2　安装Deforum …………………………………………………………… 188

8.1.3　相关参数介绍 …………………………………………………………… 189

8.1.4　Deforum里的数学公式 ………………………………………………… 192

8.1.5　Deforum制作无限循环动画 …………………………………………… 193

8.2　使用LoopBack Wave来制作丝滑动画 ………………………………………… 200

8.2.1　什么是LoopBack Wave ………………………………………………… 200

8.2.2　安装LoopBack Wave …………………………………………………… 200

8.2.3　LoopBack Wave脚本的使用 …………………………………………… 200

8.3　使用FILM对动画进行补帧 ……………………………………………………… 204

8.3.1　什么是FILM ……………………………………………………………… 204

8.3.2　安装FILM ………………………………………………………………… 206

8.3.3　FILM工具的使用 ………………………………………………………… 208

8.4　使用DepthMap生成3D绘画实现动画效果 …………………………………… 209

8.4.1　什么是DepthMap ………………………………………………………… 209

8.4.2　安装DepthMap …………………………………………………………… 209

8.4.3　相关参数介绍 …………………………………………………………… 210

8.4.4　DepthMap插件的使用 …………………………………………………… 212

8.5　使用EbSynth 和TemporalKit实现高质量丝滑效果 ………………………… 213

8.5.1　安装TemporKit …………………………………………………………… 213

8.5.2　使用TemporKit生成关键帧 …………………………………………… 214

8.5.3　使用EbSynth生成风格化图像序列 …………………………………… 217

8.6　总结 ………………………………………………………………………………… 220

8.7　练习 ………………………………………………………………………………… 220

第1章 概述

Chapter

AI 创意绘画与视频制作
基于 Stable Diffusion
和 ControlNet

1.1 为什么使用 Stable Diffusion

ChatGPT 和 Midjourney 等 AIGC（Artificial Intelligence Generated Content，生成式人工智能）工具的兴起，给传统媒体和绘画行业造成了不小的影响。我们可以通过自然语言进行提问来获得相应的回答，其中包含了写作、编程和文艺创作。绘画艺术曾经被认为是 AI 行业最难攻克的领域，但是各种 AI 模型的迭代促进了 AI 绘画技术的升级，使它越来越接近专业画师的水平。其中以 Midjourney 为代表的 AI 程序，可以通过文字描述生成图像，它自 2022 年 7 月开放测试至今，已经迭代了 5 个版本，生成图像的质量从开始的抽象和初级的图像，到目前支持 2000+ 的不同绘画风格，包含了卡通、印象派、抽象派等风格，使得绘画的门槛降低到非专业人士也可以上手。

与商业版 Midjourney 对应的开源工具 Stable Diffusion，提供了高度定制化和免费的方案，使得它在开源社区里得到广泛推崇。Midjourney 和 Stable Diffusion 的对比如表 1-1 所示。

表1-1 Midjourney和Stable Diffusion的对比

特　征	Midjourney	Stable Diffusion
成本	收费	免费
内容过滤器	Yes	No
图像定制	相对较低	较高
上手难度	中等	较低
生成优质图像的难度	较高	相对较低
宽高比设定	支持	支持

（续表）

特 征	Midjourney	Stable Diffusion
修复图像Inpainting	不支持	支持
模型变体	较少	很多
许可证	需要看收费账号的层级	需要看模型的许可

近年来，人工智能在艺术领域的应用已经引起越来越多的关注，其中利用人工智能进行绘画创作更是引起了设计师、艺术家和计算机科学家的极大兴趣。Stable Diffusion 和 ControlNet 是人工智能绘画创作中的两个关键技术方法，使用它们可以绘制出令人惊叹的艺术效果。如图 1-1 所示是使用 Stable Diffusion 和 ControlNet 创作的画作。

图 1-1 使用 Stable Diffusion 和 ControlNet 创作的画作

Stable Diffusion 可以在生成过程中有效地管理绘画元素的分布和形式，从而产生视觉平衡和美观的艺术作品。通过训练一个具有控制功能的神经网络，ControlNet 可以实现对生成的绘画内容的形状、颜色、纹理等方面的精细控制，从而满足艺术家或设计师对绘画创作的个性化需求。例如针对人物作图里常见的动作迁移，可以结合 ControlNet 中的 OpenPose 模型实现人体关键点识别，进行模特质态的精细调整；结合 Depth 和 Canny 模型可以对建筑物或机械类图形进行纹理调整，等等。

▨ 1.2 AI 图像生成模型介绍

随着人工智能的不断发展，图像生成技术逐渐成为热门领域。AI 图像生成模型作为一种基于深度学习的技术，已经在多个应用领域取得了显著的成果，如艺术、设计、广告和游戏等。在这一领域中，不同的 AI 图像生成模型呈现出各自独特的特点和优势，通过不同的训练方法和技术能够生成出多样化、高质量的图像内容。

GAN（Generative Adversarial Network，生成对抗网络）是一种常用的 AI 图像生成模型，由生成器（Generator）和判别器（Discriminator）组成。生成器负责生成虚假的图像，而判别器则负责判断图像的真实性。生成器和判别器通过对抗训练的方式相互竞争，不断优化，从而使生成的图像更加真实和逼真。GAN 模型在图像生成领域取得了重要的突破，如生成高分辨率图像、风格迁移和图像编辑等。

另一种常见的 AI 图像生成模型是变分自编码器（Variational Autoencoder，VAE），它是一种生成模型，结合了自编码器（Autoencoder，AE）和概率模型的思想。VAE 的生成器将输入图像映射到潜在空间（Latent Space），再从潜在空间中采样，最终通过解码器生成图像。VAE 模型在图像生成领域具有较强的潜在表示学习能力，能够生成具有多样性和连续性的图像。

此外，还有许多其他类型的 AI 图像生成模型，如自注意力模型（Self-Attention Model）、光流模型（Flow Model）、PixelRNN 和 PixelCNN 等。这些模型都具有不同的特点和优势，并在不同的应用场景中得到了广泛应用。例如，自注意力模型在生成长文本和高分辨率图像时表现出色，流模型在处理连续生成任务时具有优势，PixelCNN 在生成像素级图像时能够保持细节和清晰度。

这些 AI 图像生成模型的训练方法也各有不同。一般来说，训练这些模型需要大量的数据和计算资源。GAN 模型通常通过交替训练生成器和判别器来进行优化，使用梯度下降等优化算法进行参数更新。VAE 模型则通过最大化对数似然函数进行训练，同时引入潜在空间的正则化项以控制生成图像的多样性。其他类型的模型也有各自的训练方法，如自注意力模型通过自注意力机制对输入序列进行编码和解码，流模型通过对概率密度函数进行建模来生成图像，PixelRNN 和 PixelCNN 则通过对图像像素的条件生成来进行训练。

除了训练方法和技术的不同，这些 AI 图像生成模型在生成图像的质量、多样性、速度和稳定性等方面也存在差异。例如，GAN 模型通常能够生成质量较高的图像，但在生成过程中可能会出现不稳定和模式崩溃的问题。VAE 模型一般能够生成具有较好多样性和连续性的图像，但在生成质量上可能稍显逊色。流模型在生成连续数据时较为出色，但在生成高分辨率图像时可能速度较慢。

总的来说，AI 图像生成模型作为一种先进的技术，已经在图像生成领域取得了重要的突破，并在多个应用场景中起到关键性的作用。

1.3 从小白到 AI 艺术家

本书将深入探讨 Stable Diffusion 和 ControlNet 在 AI 绘画创作中的应用，详细阐述这两种技术在生成绘画作品时的原理、方法和应用实践。同时，还将探讨这两种技术的优缺点、挑战和未来发展方向。

如今我们正处在整个时代技术的前沿，新的 AI 技术使得 AI 绘画的受众更广。不需要写代码，也不需要特别高深的知识，只要敢于尝试，通过学习本书，任何人都可以从一个小白成长为 AI 艺术家。

本书所有图像均使用 Stable Diffusion 现有模型通过文生图或者图生图模块生成，旨在通过图文介绍的方式让读者了解 Stable Diffusion 的功能和原理，掌握其使用方法。

1.4 总结

近年来，基于人工智能生成图像的技术取得了飞速的发展，并得到了广泛的应用。与以往我们认知中质量欠佳、搭建复杂、使用烦琐的 AI 图像生成工具相比，现今的情况已经发生了巨大变化。随着技术的不断创新和进步，AI 图像生成工具和技术有了质的飞跃，从以前的模糊、不自然，到如今的逼真、细致，生成图像的质量显著提升。与此同时，过去需要大量技术背景和复杂设置的问题，如今得到了极大简化，让更多的人能够轻松上手。AI 绘画领域的进步也得益于深度学习技术的推动，它使得生成的图像更加逼真，同时大量的数据作为训练基础也使得生成的图像更加符合人们的审美和预期。

1.5 练习

（1）目前市面上使用 AIGC 生成图片的主流工具有哪几种？

（2）通过 AI 生成图片的技术框架有哪几种？

人工智能与图像生成技术

AI 创意绘画与视频制作
基于 Stable Diffusion
和 ControlNet

随着机器学习和深度学习技术的发展，传统的强调知识积累和创造性的行业也被 AI 技术突破。本章将介绍人工智能的发展及其在图像生成技术方向上用到的技术，包括人工智能的发展历程、图像生成技术的基本原理、PyTorch 框架和 AIGC 技术框架。这些技术之间的交叉和融合也为机器学习和计算机视觉领域的进一步发展提供了新的机会和挑战，同时也奠定了 AIGC 技术大量应用的基础。

▦ 2.1 人工智能的发展历程

人工智能是一种通过计算机模拟人类智能，使机器能够像人类一样思考、学习、推理和决策的技术。人工智能起源于 20 世纪 50 年代，从那时起，它一直是计算机科学领域的重要研究领域。本节，我们将介绍人工智能的基本概念和发展历程，并重点关注图像生成技术的历史和发展。

人工智能的基本概念涵盖了一系列模拟人类智能的技术，其目的是使计算机系统能够处理各种智能任务。这些任务包括语音识别、自然语言处理、图像识别、机器学习和决策制定等。人工智能技术可以分为强人工智能和弱人工智能。强人工智能是一种完全智能的系统，能够像人类一样思考和解决问题。弱人工智能是一种专门针对特定任务进行优化的系统，例如语音识别系统或机器人控制系统。

人工智能的发展历程可以追溯到 20 世纪 50 年代，当时计算机科学家开始尝试模拟人类智能。早期的人工智能系统主要依赖于规则，这些规则指导计算机系统进行逻辑推理和问题解决。然而，这种方法很快显示出了局限性，因为它无法解决复杂的现实世界的问题。

随着时间的推移，人工智能研究逐渐转向了基于知识的系统，这些系统使用预先编写的知识库来解决问题。这种方法提高了人工智能系统的表现，但仍然受到知识表示和知识获取的限制。

到了 20 世纪 80 年代，机器学习成为人工智能领域的重要研究方向。机器学习是一种自我学习的方法，它使用大量数据来训练计算机系统，并通过经验不断改进性能。机器学习技术是现代人工智能的核心，是许多 AI 应用的基础。

近年来，生成式人工智能（Generative AI）已经成为人工智能领域的一项重大突破。它能够创造出各种类型的数据，包括图像、视频、音频、文本和 3D 模型。生成式模型的基本原理是通过大量的输入数据进行学习，并生成与原始数据相似度极高的内容。生成式人工智能能够创造出高度逼真和复杂的内容，能够模仿人类的创造力，因此，它在游戏、娱乐和产品设计等许多行业中被广泛应用，并成为宝贵的工具。

在生成式人工智能中，不得不提的是 Transformer，它是一种非常强大的神经网络模型，在自然语言处理、图像音频处理等各种生成式任务中具有广泛的应用。该模型最主要的特点是采用了一种被称为注意力机制的技术，这种技术能够帮助模型更好地理解输入数据的上下文关系和重要性。ChatGPT 就是通过 Transformer 模型进行训练的，ChatGPT 能够有效地生成具有语义连贯性和上下文一致性的文本响应。Transformer 模型的出现为自然语言生成任务带来了重大的突破和进步。

2.2 图像生成技术的基本原理

图像生成技术是一种人工智能技术，用于生成逼真的图像和视频。该技术通常使用深度神经网络来学习图像特征，并生成外观逼真的新图像。随着人工智能的发展，图像生成技术也取得了显著的进展，并在多个领域得到了广泛应用。

2.2.1 深度神经网络图像生成技术

在过去的几年中，人工智能技术在图像生成方面取得了令人瞩目的进展。其中，DALL-E 2、Midjourney 和 Stable Diffusion 都是最新的图像生成技术，均采用深度神经网络模型来生成逼真的图像。然而，它们在设计和实现上存在一些显著的区别。

1 DALL-E 2

DALL-E 2 是 OpenAI 最新的图像生成模型，它可以通过自然语言描述生成逼真的图像。作为 DALL-E 的升级版本，DALL-E 2 具有更高的保真度，能够在图像中保留语义相关性和高保真度的细节。因此，DALL-E 2 是目前最先进的图像生成技术之一，具有极高的创造力和准确性。

2 Midjourney

Midjourney 是一种基于变分自编码器的生成模型，它可以从图像中学习潜在的变量并生成新的图像。与其他生成模型不同，Midjourney 采用一种新颖的训练方法，即从训练数据中随机选择两幅图像并将它们组合成一幅新图像，然后训练模型生成这幅新图像。这种方法使得 Midjourney 在生成新图像时具有更高的创造力和多样性。

3 Stable Diffusion

Stable Diffusion 是一种最近推出的图像生成技术，它通过控制生成过程的稳定性来生成逼真的图像。与其他生成模型不同，Stable Diffusion 将生成过程分成多个步骤，每个步骤都是一种稳定的演化，使得生成过程更加可控和稳定。这种方法使得 Stable Diffusion 生成的图像具有更高的质量和稳定性。

DALL-E 2、Midjourney 和 Stable Diffusion 虽然在训练方法、生成过程的稳定性和创造力等方面存在区别，但它们都代表着人工智能技术的最新发展趋势。

2.2.2 Stable Diffusion 的关键组件

Stable Diffusion 是一种从噪声或不完整输入中生成高质量图像样本的方法，它依赖于 3 个关键组件：ClipText、UNet + 调度器和自编码器解码器。

1 ClipText

ClipText 是一种文本编码器，它将输入文本映射到一个固定长度的特征向量。ClipText 模型是在一幅大型的图像和它们关联字幕的数据集上进行训练的，学习将每幅图像与相应的文本描述关联起来。

ClipText 绘画生成技术如图 2-1 所示。

图 2-1 ClipText 绘画生成技术

CLIP（Contrastive Language-Image Pretraining）是一种通过将图像和文本描述相互连接并使用评分方法来衡量它们之间的相似性的方法。CLIP 利用了互联网上亿级的图像和对应的描述数据，并使用 CLIP 对生成的图像（例如使用 GAN 方式）进行评分，以提高 CLIP 的准确性。目前使用 CLIP 技术的有 DepDaze、ApephImage、Disco Diffusion（diffusion model）等。

2 UNet + 调度器

UNet 是一种常用于图像分割任务的神经网络架构。在稳定扩散的背景下，UNet 用于填补输入图像中的缺失或损坏部分。该方法的调度器组件会在训练过程中调整扩散程度。

UNet 也被称为 U-Net 架构，是一个卷积神经网络（CNN），由 Olaf Ronneberger、Philipp Fischer 和 Thomas Brox 在 2015 年发表的《U-Net：应用于生物医学图像分割的卷积网络》论文中阐述。该网络已被证明对医学图像分割任务极为有效，特别是在生物医学图像分析领域。

U-Net 由 3 个关键部分组成：收缩层、瓶颈层和扩展层。

- 收缩层（也称为编码器）的作用是逐渐减小输入图像的大小，并增加通道的数量。通过一系列的卷积层和下采样操作，它能够提取出图像的局部特征，并转化为更高级别的抽象特征。
- 瓶颈层是 U-Net 结构的核心部分，它的目标是捕捉输入图像的高级特征。由多个卷积层组成，这一层有助于减少特征图的维度，并保留重要的空间信息。通过瓶颈层，U-Net 能够整合全局和局部信息，以获取图像中的细节和上下文关系。
- 扩展层（也称为解码器）的任务是将特征图进行上采样，并恢复到原始图像的尺寸。通过一系列的上采样操作和卷积层，U-Net 能够逐步重建图像的空间分辨率。U-Net 中的跳跃连接是一项关键技术，它允许将来自收缩层和扩展层的特征图进行连接。这种连接方式有助于保留细粒度的空间信息，提高分割结果的准确性和稳定性。

U-Net 架构中的跳过连接提供了一种将编码器路径的特征图与解码器路径的特征图相结合的方法。这使得网络能够学习并纳入来自多个尺度的信息，从而提高了准确性和得到了更好的分割结果。

总而言之，U-Net 是一种强大而高效的卷积神经网络结构，被广泛应用于图像分割任务等。

3 变分自编码器

在机器学习中，变分自编码器是由 Diederik P. Kingma 和 Max Welling 提出的一种人工神经网络结构，属于概率图模式和变分贝叶斯方法。变分自编码器用于从 ClipText 和 UNet 产生的编码特征向量中生成高质量图像样本，它将这些特征向量作为输入，并产生相应的图像作为输出。

2.3 深度学习框架 PyTorch 基础

PyTorch 是一种用于构建深度神经网络模型的开源机器学习框架。它由 Facebook 的人工智能研究团队开发，并于 2017 年首次发布。PyTorch 提供了一组灵活且高效的工具，可以让开发者轻松创建、训练和部署深度学习模型。

在 PyTorch 中，核心数据结构是张量（Tensors），它类似于多维数组。张量可以在 CPU 或 GPU 上运行，并且支持各种数学操作。与 NumPy（一种基于 PyTorch 语言的科学计算工具）数组操作类似，PyTorch 中的张量操作也非常便捷，而且还可以利用 GPU 加速计算。

PyTorch 使用动态计算图来跟踪计算过程，这是框架的一大特点。相比于静态计算图，动态计算图允许开发者使用常规的 Python 控制流程语句（如循环和条件语句），而无须预先定义静态计算图。这种设计使得模型的定义和调试更加灵活和直观。

PyTorch 的另一个重要功能是自动求导（Automatic Differentiation），它能够自动计算张量操作的梯度。通过调用 .backward() 方法，可以方便地计算相对于模型参数的梯度，这对于训练神经网络模型非常有用。自动求导还支持高阶导数和向量化操作。

PyTorch 提供了丰富的工具和模块来构建深度神经网络模型。可以通过继承 torch.nn.Module 类来定义自己的模型，并且可以使用各种预定义的层（如全连接层、卷积层、循环神经网络等）来组成模型。此外，PyTorch 还提供了方便的初始化方法、损失函数和优化器等。

在数据加载和处理方面，PyTorch 提供了 torch.utils.data 模块，用于加载和处理训练和测试数据。PyTorch 还可以自定义数据集类，并使用数据加载器进行批量数据加载和随机化。此外，PyTorch 还提供了各种数据变换和增强的功能，如随机裁剪、翻转和归一化等。

PyTorch 还具有 GPU 加速的能力，可以利用 GPU 来加速深度学习模型的训练和推断。通过使用 .to(device) 方法，可以将模型和数据移动到 GPU 上，并利用 GPU 进行并行计算。这种 GPU 加速对于处理大规模数据和复杂模型非常重要。

总之，PyTorch 是一种功能强大且灵活的深度学习框架，它提供的丰富的工具为 Stable Diffusion 的实现展现了可能和便利。

2.4 AIGC 技术框架介绍

生成式人工智能 AIGC（Artificial Inteligence Generated Content）是人工智能发展到今天的重要成果。

常见的 AIGC 技术框架有：

- GAN，由生成器和判别器组成的图像生成模型，已在当前图像生成等领域获得长足进展。
- VAE，可变分自编码器，使得数据可以从图像空间转换到潜在空间中，使得扩散模型性能得到提升。
- NeRF，一种用来渲染三维场景的技术，通过神经网络对场景深度和颜色进行建模，生成高质量的三维模型。
- CLIP，用于建立图像和文本之间的关联，也是奠定文本生成图像方案的基础。它的出现极大推动了文本和图像之间的跨模态交互和应用。
- CodeFormer，这是集成在 Stable Diffusion 中的一种常见的人脸清晰化模型，通过一键勾选的方式在生成人物图像时为需要进行面部重建的部分提供极大的便利。

下面对上述几个技术框架进行详细介绍。

2.4.1 GAN 对抗网络

GAN 是一种深度学习模型，由生成器和判别器两个相互对抗的网络组成。GAN 的初衷是让生成器能够产生与真实数据相似的新样本。

生成器的任务是接收一个随机噪声向量作为输入，并生成看起来像真实数据的样本。而判别器则被训练来区分生成器生成的样本和真实数据样本。通过生成器和判别器的对抗学习，二者不断优化自身，使得生成器生成的样本更加逼真，而判别器能更加准确地区分真实样本和虚假样本。

GAN 的训练过程可以简单概括如下：

步骤 01 初始化生成器和判别器的参数。

步骤 02 从真实数据中随机选择一批样本作为判别器的真实数据输入。

步骤 03 从噪声分布中随机采样一批噪声向量作为生成器的输入，生成一批虚假样本。

步骤 04 将判别器分别对真实数据和虚假样本进行分类，并计算它们的损失（通常使用二分类的交叉熵损失）。

步骤 05 对判别器进行反向传播和参数更新，以提高对真实和虚假样本的分类准确性。

步骤 06 固定判别器的参数，更新生成器的参数，使得生成器生成的样本更容易被判别器误认为真实数据。

步骤 07 重复 **步骤 02** 至 **步骤 06**，进行多次迭代训练，直到生成器生成的样本质量满足预期。

通过生成器和判别器的对抗学习，GAN 能够学习数据的分布特征并生成逼真的新样本。GAN 广泛应用于图像生成、图像编辑、生成对抗攻击、数据增强等领域。其重要的分支 RealESRGAN 和 ESRGAN（Enhanced Super-Resolution Generative Adversarial Network）用来进行高分辨率处理，GFPGAN 用来进行面部修复。

1 ESRGAN 超分辨率

ESRGAN 即增强型超分辨率生成对抗网络，是一种令人惊叹的深度学习模型，专为图像超分辨率而设计。超分辨率意味着通过引入像素级的细节提升，让图像展现出更为清晰和细腻的魅力。

ESRGAN 以生成对抗网络为基础，独特而出色地生成出高质量的超分辨率图像。它的目标是令那些低分辨率的图像以一种更高的品质展现于世。这一目标通过生成器网络和判别器网络的相互协作、相互竞争来实现。

在 ESRGAN 的训练过程中，生成器和判别器相互对抗、相互学习。生成器扮演着一个巧妙的"骗子"，力图让判别器分不清生成的图像与真实高分辨率图像的差异。而判别器则是一位精明的辨别者，努力学习如何分辨真实和生成的图像，并向生成器提供改进建议。这种博弈、对抗的学习过程不断推动着生成器提升生成图像的质量。

2 GFPGAN 人脸修复算法

人脸修复是指从低分辨率的人脸图像中恢复出高清晰度的人脸图像。目前，GFPGAN 是一种开源的人脸修复算法，已经被集成到 Stable Diffusion Web UI 中，用于重新绘制面部。该算法通过在训练过程中对低质量人脸图像进行预处理来保留面部的基本信息。同时，通过引入具有辨别性的面部损失（Facial Component Loss）来判断哪些细节需要保留，之后通过保留损失（Identity Preserving Loss）来保持面部特征。

2.4.2 VAE 变分自编码器

VAE 是一种与自编码器密切相关的模型。尽管 VAE 与自编码器在结构上有一定的相似性，但在目标和数学表述上存在显著差异。VAE 属于概率生成模型（Probabilistic Generative Model），神经网络是其中的一个组件。根据其功能的不同，VAE 可分为编码器和解码器。

编码器的主要功能是将输入变量映射到潜在空间，与变分分布的参数相对应。这样做的结果是可以生成多个遵循同一分布的不同样本。相反，解码器的功能是从潜在空间映射回输入空间，以生成数据点的表示。

在 VAE 中，我们追求的目标是最大化观察数据的边际对数似然。为了达到这个目标，VAE 使用变分推断的方法来近似潜在空间的后验分布。它通过最大化似然下界（ELBO）来进行优化。这个下界是通过对潜在表示进行采样后的期望得到的，并且通常使用重参数化技巧（Reparameterization Trick）进行训练。

总之，VAE 是一种概率生成模型，与自编码器密切相关。它通过将输入数据映射到潜在空间并利用变分推断的方法，实现了对数据分布的建模。通过从学习到的分布中进行采样，VAE 能够生成新的样本。值得注意的是，重参数化技巧是训练 VAE 时常使用的技术之一，它可以有效地优化模型。

2.4.3 NeRF 辐射神经网络

NeRF（Neural Radiance Fields）是一种基于神经网络的方法，用于对三维场景进行建模和渲染。它使用神经网络来表示场景中每个点的辐射强度和体素颜色。换句话说，NeRF 试图从输入图像中学习场景的几何结构和光照属性。通过训练网络，NeRF 能够估计场景中任意点的辐射强度和颜色，从而实现高质量的渲染。为了训练 NeRF，需要将输入图像与场景中的真实数据进行匹配，以优化网络参数。通常使用光线追踪等技术来生成训练数据。

NeRF 的优势在于能够生成高度逼真的三维渲染结果，包括光照、阴影和反射等效果。它已经被广泛应用于计算机图形学、虚拟现实和增强现实等领域。目前可以通过 Stable Diffusion 来生成同一物体的不同角度的 2D 照片，并通过 NeRF 进行 3D 建模渲染。

2.4.4 CLIP 对比性语言－图像预训练模型

CLIP 的全称为 Contrastive Language-Image Pre-training，是一种文字－图像对的预训

练方法。作为一种对比学习的多模态模型，它的训练目标是根据图像和对应的文字描述，通过大量的训练以及提取的文字和图像特征找到文字－图像对的关联关系。CLIP 能够将图像和文本映射到共享的潜在空间，并具备理解和推理图像与文本之间联系的能力。这使得 CLIP 成为处理图像与文本语义关系的重要工具，并在计算机视觉和自然语言处理等领域取得了重要的进展。CLIP 的重要应用有图像分类、通过图像生成对应的描述语、通过文字描述生成图像（Stable Diffusion 使用 CLIP 模型从文本中生成对应的高保真图像）。

2.4.5 CodeFormer 人脸清晰化模型

CodeFormer 是一种强大的面部恢复算法，旨在处理旧照片和 AI 生成的图像面部。

CodeFormer 人脸清晰化模型的过程如下：

步骤 01 会通过一系列学习过程来训练一个离散的 codebook 和一个解码器。这样做的目的是通过自重构学习，将面部图像的高质量视觉部分存储起来。通过这个过程，我们能够掌握如何有效地表示和保存面部图像中的关键视觉特征。

步骤 02 将使用事先确定好的 codebook 和解码器。我们引入一个称为 Transformer 模块的组件用来对低质量输入的全局人脸组成进行建模。这个模块的作用是通过编码序列预测来处理输入数据。通过这种方式，我们可以更好地理解和建模低质量人脸图像的整体结构和组成部分。

步骤 03 引入可控特征转换模块。这个模块的作用是控制从低质量编码器（LQ Encoder）到解码器的信息流。通过调整这个信息流，我们可以控制图像重建和转换过程中的特征变化。这样的设计使得我们能够根据需要调整图像的某些特征，例如亮度、对比度和姿态等，以获得更加满意的结果。

综上所述，CodeFormer 人脸清晰化模型的过程包括学习 codebook 和解码器以存储高质量视觉部分，使用 Transformer 模块对低质量输入的人脸组成进行建模，以及应用可控特征转换模块来控制信息流动。这一模型的设计旨在改善低质量人脸图像，并提供一种灵活的方式来控制图像特征。

CodeFormer 用来人脸清晰化的效果如图 2-2 所示。从图中可以看出，低质量的人脸图像得到重建和改进，细节和纹理变得更加清晰可见，面部轮廓和特征也更加清晰和鲜明。

此外，CodeFormer 模型还可以帮助纠正模糊或失真的图像部分，使人脸图像整体上更加自然和真实。

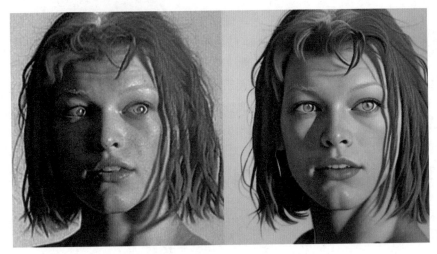

图 2-2 CodeFormer 人脸清晰化的效果

2.5 总结

人工智能从发展初期到如今，已经在各个领域取得一定的突破。本章通过介绍常见的 AIGC 技术框架，探讨其在图像生成方向上的应用和前景。正是前沿的技术之间的相互作用，为 AIGC 技术的广泛应用奠定了坚实的基础。此外，本章通过聚焦于图像生成技术的基本原理，还探讨了其背后的工作机制和实现原理。

2.6 练习

（1）列举 Stable Diffusion 框架的主体结构以及相关功能。

（2）描述 PyTorch 框架的特点和优势。

第 3 章 Chapter

Stable Diffusion 技术

AI 创意绘画与视频制作
基于 Stable Diffusion
和 ControlNet

2022 年是生成式 AI 发展的重要一年，这一年 OpenAI 发布了自己的通过人工智能生成图像的产品 DALL-E2，用户可以通过简单的提示词生成对应的图像；谷歌发布了自己的模型 Parti 和 Imagen，但暂未公开；Stability AI 开源了自家的模型 Stable Diffusion，包含了代码和模型，并且可以在普通的家用上进行文字生成图片图像（或相关操作）。Stable Diffusion 的核心是一个扩散模型（Diffusion Model），通过将图像加入噪声并进行多次迭代的方式来去除图像中的噪声，从而得到清晰的图像。

本章首先介绍 Stable Diffusion 的基本概念和原理，然后介绍 Stable Diffusion 的安装方法，接着介绍 Stable Diffusion 软件界面的各个区域及其功能，使读者熟知 Stable Diffusion 的各项操作。不同的模型会带来不同的图片图像风格，因此本章还会介绍 Dreambooth、SD 1.5、realisticVisionV13_v13 等相关模型的特点。最后，以实际案例的形式向读者介绍如何进行 Inpaint、Outpaint、面部修复和多角色同框的操作。

3.1 Stable Diffusion 的基本概念和原理

Stable Diffusion 是一个基于深度学习的文本到图像模型，它主要用于生成以文本描述为条件的详细图像，当然它也可以应用于其他任务，如 Inpaint、Outpaint，以及在文本提示词的指导下进行图像到图像的转换。它是慕尼黑路德维希－马克西米利安大学的 CompVis 小组和 Runway 的研究人员利用 Stability AI 的捐赠计算机和非营利组织的数据进行训练而完成开发的。

Stable Diffusion 是一个潜在扩散模型（Latent Diffusion Model），是一种深度生成的神经网络。它的代码和模型权重已经公开发布，可以在大多数配备有8GB VRAM的GPU上运行。

Stable Diffusion 的创造是基于超分辨率的思路进行的，通过深度学习模型，它可以将带噪声的输入图经过处理转换成高分辨率的图像。我们这里介绍的 Stable Diffusion 不是一个单一的模型，而是一组由模块和模型组成的复杂系统。本节使用 Stable Diffusion Web UI(Automatic1111) 来介绍 Stable Diffusion 的相关使用方式。

Stable Diffusion 最初的名称叫作 Latent Diffusion Model（LDM），这里 Diffusion 的过程是在 Latent Space（潜在空间）中完成的。而 Stable Diffusion 的架构包含了3个主要的模块，即 VAE、U-Net 和 Text Encoder。

VAE 编码器将图像从像素空间压缩到一个较小维度的潜在空间，捕捉图像更基本的语义，如图 3-1 所示。高斯噪声在前向扩散过程中被反复应用于压缩的潜在表示由于引入了 VAE 压缩转换到潜在空间进行整个扩散处理，因此 Latent Diffusion Model 比单纯的扩散过程速度更快更高效。这也是 Stable Diffusion 的创新之处。

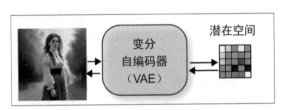

图 3-1 VAE 的原理

图 3-1 中的潜在空间便是 Diffusion 扩散的过程所在。整个扩散过程包含两部分：前向的扩散过程用来给潜在空间添加噪声，逆向的 U-Net 用来去除噪声。U-Net 模块由 ResNet 主干组成，用于对前向扩散的输出进行去噪。U-Net 的输入为词嵌入（Text Embeddings）和随机的初始图像数组，其输出为一个去噪声潜特征空间表达，最后，通过 VAE 解码器将表示转换回像素空间来生成最终图像。整个过程如图 3-2 所示。

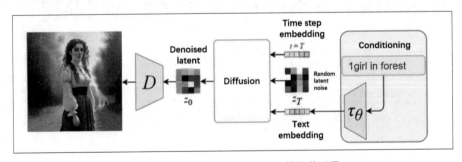

图 3-2 Latent space 向 Diffusion 扩散的过程

扩散发生在多个步骤中，每个步骤都对输入的潜在矩阵进行操作，同时我们会在 Stable Diffusion Web UI 中观测到每一步输出的图像，以及整个图像从模糊到清晰的动态过程。

整个去噪声的过程由预设好的步数（steps）来控制，直至达到预定的步数去噪声步骤才会完成。图 3-3 显示了不同步数下去噪声的过程变化。

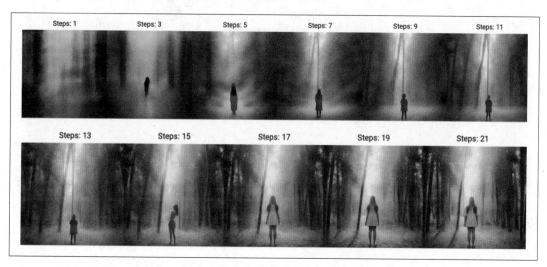

图 3-3 不同步数下去噪声的过程变化

Transformer 语言模型是接收文本提示词并且产生 token 嵌入的语言理解模块。在 Stable Diffusion 中使用 ClipText 作为 Transformer 语言模型，而这里的 Text Encoder 是一种特殊的 Transfomer 语言模型，它吸收输入文本并产生 token。

作为 CLIP 模型的一部分，Text Encoder 可以灵活地以一串文本、一幅图像等为去噪声步骤的 U-Net 模型添加指定的条件。编码的条件数据通过交叉注意机制暴露给去噪声的 U-Net 模型。对于文本的条件，固定的、预训练的 CLIP 文本编码器被用来将文本提示词转化为嵌入空间。

这里的 CLIP 编码器是可选的，输入为文本提示词，其输出为 77 个 token 的嵌入向量，每个 token 包含 768 个维度。

Stable Diffusion 的强大之处是可以接收文本提示词作为输入来影响图像的生成，本节是通过修改 U-Net 的扩散模型来让 Stable Diffusion 接收条件完成输入的，如图 3-4 所示。

对于文本输入，首先使用语言模型 τ_θ（如 BERT、CLIP）将它转换为嵌入（向量），然后通过注意力模型层映射到 U-Net。

对于其他空间的输入（如语义图、图像、Inpaint），可以用串联法进行调节。

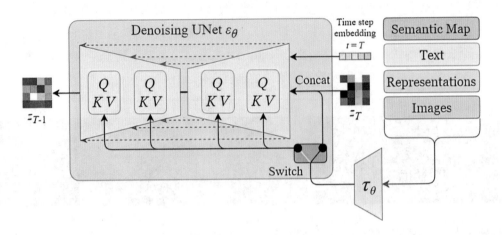

图 3-4 接收文本提示词影响图像的生成

3.2 安装 Stable Diffusion Web UI

由于 Stable Diffusion 对 GPU 有一定的要求，因此一般使用带有 GPU 的云服务或者带有独立显卡的 PC 来安装。本书以目前最常用的 Stable Diffusion 集成工具 Automatic1111 为例来讲解如何安装。要安装 Stable Diffusion Web UI，首先需要安装 Python 环境。

1 安装 Python 环境

Python 环境安装步骤如下：

步骤 01 打开网页浏览器并输入 Python 的官方网站地址 https://www.python.org。进入 Python 官方网站后，单击页面上的 "Downloads"（下载）按钮。

步骤 02 选择版本。在下载页面上会看到一些 Python 版本的列表，一般来说，建议选择最新的稳定版本，目前推荐使用 Python 3.10.6 版本，太旧或太新的版本可能会遇到 PyTorch 兼容性的问题。

步骤 03 下载安装程序。根据使用的操作系统，在下载页面上找到适用于我们系统的安装程序链接，并单击下载，如图 3-5 所示。

Files

Version	Operating System	Description	MD5 Sum	File Size	GPG
Gzipped source tarball	Source release		d76638ca8bf57e44ef0841d2cde557a0	25986768	SIG
XZ compressed source tarball	Source release		afc7e14f7118d10d1ba95ae8e2134bf0	19600672	SIG
macOS 64-bit universal2 installer	macOS	for macOS 10.9 and later	2ce68dc6cb870ed3beea8a20b0de71fc	40826114	SIG
Windows embeddable package (32-bit)	Windows		a62cca7ea561a037e54b4c0d120c2b0a	7608928	SIG
Windows embeddable package (64-bit)	Windows		37303f03e19563fa87722d9df11d0fa0	8585728	SIG
Windows help file	Windows		0aee63c8fb87dc71bf2bcc1f62231389	9329034	SIG
Windows installer (32-bit)	Windows		c4aa2cd7d62304c804e45a51696f2a88	27750096	SIG
Windows installer (64-bit)	Windows	Recommended	8f46453e68ef38e5544a76d84df3994c	28916488	SIG

图 3-5 选择安装的 Python 版本

步骤 **04** 运行安装程序。下载完成后，找到下载的安装程序文件并运行它。在安装程序的界面上，确保勾选"Add Python to PATH"（将 Python 添加到 PATH）选项，这样就能在命令行中直接使用 Python 了。或者在安装完毕后，转到环境变量设置页面，将 Python 路径添加到 PATH 下。

步骤 **05** 完成安装。按照安装程序的指示完成安装过程。通常情况下，Python 会默认安装到系统的默认位置。

步骤 **06** 验证安装。安装完成后，打开命令提示符（Windows 用户）或终端（Mac 和 Linux 用户），输入"python"并按回车键。如果一切顺利，就会看到 Python 解释器的版本信息，如图 3-6 所示。

```
Python 3.10.6 | packaged by conda-forge | (main, Oct 24 2022, 16:02:16) [MSC v.1916 64 bit (AMD64)] on win32
Type "help", "copyright", "credits" or "license" for more information.
>>>
```

图 3-6 验证安装完成

2 安装 Git

为了安装和以后更方便地更新 Automatic1111，我们需要安装 Git（一种版本管理协作工具）。安装步骤如下：

步骤 **01** 访问 Git 官方网站（https://git-scm.com/download/win），并进入下载页面。

步骤 **02** 根据操作系统选择对应的版本进行下载，如图 3-7 所示。

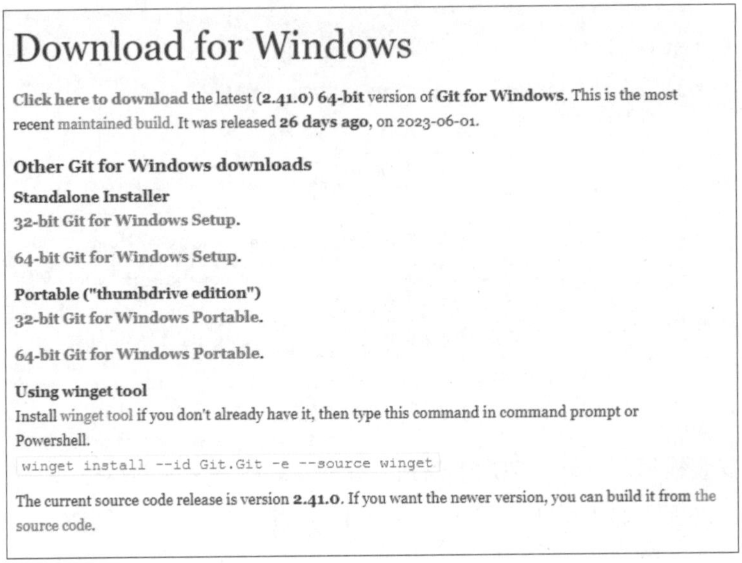

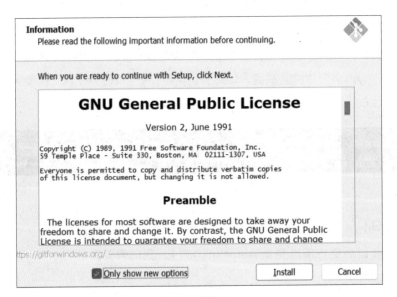

图 3-7 选择 Git 版本

步骤 **03** 双击安装包，根据提示完成安装，如图 3-8 所示。

图 3-8 安装 Git

步骤 **04** 安装完毕后，在 cmd 控制台下输入 git，如果能看到如图 3-9 所示的信息中并无报错信息，便认为安装成功。

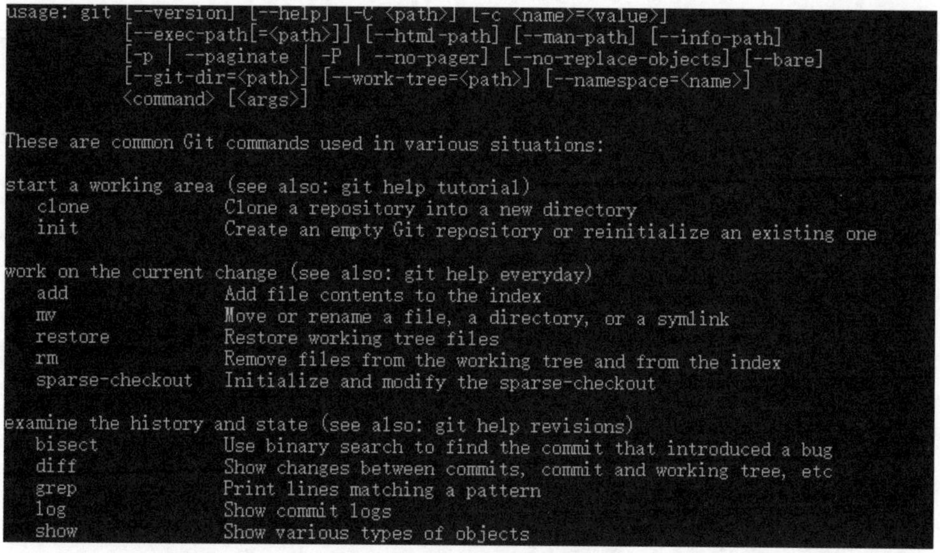

```
usage: git [--version] [--help] [-C <path>] [-c <name>=<value>]
           [--exec-path[=<path>]] [--html-path] [--man-path] [--info-path]
           [-p | --paginate | -P | --no-pager] [--no-replace-objects] [--bare]
           [--git-dir=<path>] [--work-tree=<path>] [--namespace=<name>]
           <command> [<args>]

These are common Git commands used in various situations:

start a working area (see also: git help tutorial)
   clone             Clone a repository into a new directory
   init              Create an empty Git repository or reinitialize an existing one

work on the current change (see also: git help everyday)
   add               Add file contents to the index
   mv                Move or rename a file, a directory, or a symlink
   restore           Restore working tree files
   rm                Remove files from the working tree and from the index
   sparse-checkout   Initialize and modify the sparse-checkout

examine the history and state (see also: git help revisions)
   bisect            Use binary search to find the commit that introduced a bug
   diff              Show changes between commits, commit and working tree, etc
   grep              Print lines matching a pattern
   log               Show commit logs
   show              Show various types of objects
```

图 3-9 验证 Git 是否安装成功

3 克隆 Automatic1111 工程

步骤 01 导航到保存工程的目录。使用命令提示符或终端，通过 cd 命令导航到想要保存工程的目录。例如，如果想将工程保存在桌面上的"stablediffusion"文件夹中，可以使用以下命令：

```
cd Desktop/Projects
```

步骤 02 克隆工程。使用 git clone 命令来克隆 Automatic1111 的工程。在命令提示符或终端中输入以下命令：

```
git clone https://github.com/Automatic1111/stable-diffusion-webui.git
```

一旦输入了克隆命令，Git 将开始从远程仓库克隆工程到本地计算机。等待克隆过程完成。

步骤 03 完成克隆。当克隆完成后，我们将在目标目录中看到一个与工程同名的文件夹，也即为 stable-diffusion-webui。这个文件夹就是克隆下来的工程的本地复本。

步骤 04 下载相关模型文件。为了使 Stable Diffusion 能够顺利出图，我们需要下载对应的基础模型，模型需要存放到指定的地方以便 Automatica1111 能找到并能在下拉列表中选择。模型存放的位置一般在 stable-diffusion-webui\models 路径下，如图 3-10 所示。

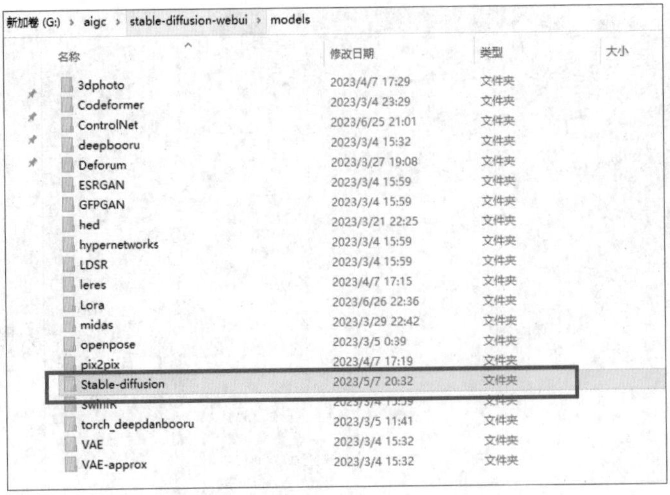

图 3-10 Stable Diffusion 基础模型的存放位置

相关的模型可以在 huggingface 官方网站找到，这里我们下载 Stable Diffusion 1.5 的基础模型，并将它放置在上述目录中。

```
https://huggingface.co/runwayml/stable-diffusion-.1.5/resolve/main/.1.5-pruned-
emaonly.ckpt
```

4 运行 Web UI

完成上述操作后，我们需要启动 Web UI。启动的方式是通过命令行切换到 Stable Diffusion 的安装目录下。这里我们使用 cd stable-diffusion-webui，执行 webui-user.bat 命令（根据操作系统的不同选择不同的启动脚本），如图 3-11 所示。

图 3-11 执行 webui-user.bat

这时候启动程序会自动安装相关的依赖包，如图 3-12 所示。

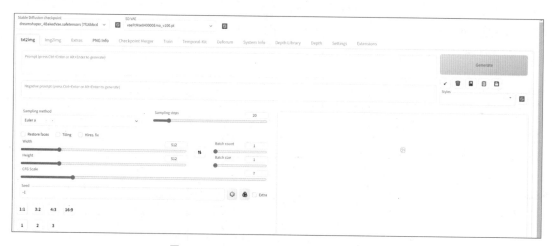

```
Installing requirements for Web UI


Installing imageio-ffmpeg requirement for depthmap script
Installing pyqt5 requirement for depthmap script

Installing requirements for TemporalKit extension

Launching Web UI with arguments: --no-half-vae --disable-nan-check
No module 'xformers'. Proceeding without it.
2023-06-27 22:56:04,010 - ControlNet - INFO - ControlNet v1.1.224
ControlNet preprocessor location: G:\aigc\stable-diffusion-webui\extensions\sd-webui-controlnet\annotator\downloads
2023-06-27 22:56:04,273 - ControlNet - INFO - ControlNet v1.1.224
Loading weights [6ce0161689] from G:\aigc\stable-diffusion-webui\models\Stable-diffusion\v1-5-pruned-emaonly.safetensors
Creating model from config: G:\aigc\stable-diffusion-webui\configs\v1-inference.yaml
LatentDiffusion: Running in eps-prediction mode
DiffusionWrapper has 859.52 M params.
Applying cross attention optimization (Doggettx).
```

图 3-12 安装依赖包的过程

安装完毕后打开浏览器，输入 http://127.0.0.1:7860/，我们就可以看到类似图 3-13 所示的界面。

图 3-13 Stable Diffusion Web UI 的操作界面

在 Prompt 里输入"1girl in the forest（1 个女孩在森林里）"，单击 Generate（生成）按钮，几秒后会生成一幅 1 个女孩在森林里的图像，如图 3-14 所示。

图 3-14　尝试生成图像

3.3 Stable Diffusion 的界面

Stable Diffusion 的界面包含 5 个区域，如图 3-15 所示。

模型选择区域

图 3-15 Stable Difussion 的界面

1）模型选择区域

模型选择区域在 Stable Diffusion 界面的顶部，其中有一个下拉列表用于让我们从可用的模型列表中选择一个特定的模型。通过选择不同的模型，我们可以在生成图像时体验不同的风格、效果和功能。

2）功能模块区域

功能模块区域位于 Stable Diffusion 界面的中间部分。包含多个选项卡，每个选项卡代表一个特定的功能模块。这些功能模块可能包括文字生成图像、图生图、Deforum 插件、系统配置，等等。通过切换选项卡，可以访问不同的功能。

3）提示词输入区域

提示词输入区域位于功能模块区域下方。这个区域允许我们输入提示词，以指导模型生成所期望的图像。在提示词输入区域中，还区分了正向提示词和负向提示词，从而更精确地控制生成结果。

4）相关参数配置区域

相关参数配置区域通常位于功能模块区域或提示词输入区域的下方。在这个区域，我们可以调整各种参数和选项，以定制生成过程和结果。这些参数可能包括图像分辨率、生成步数、batch 数量等。通过对参数进行调整，可以实现对生成过程的进一步控制和个性化定制。

5）图像生成预览区域

图像生成预览区域通常位于界面的底部或侧边。这个区域用于显示生成的图像预览，让我们能够实时查看生成结果，从而可以根据需要对图片进行微调、改进或者重新生成。

3.4 Stable Difussion 的模型

Stable Difussion 中有 3 种生成图像的模型，即 Dreambooth、SD 1.5 和 realisticVisionV13_v13。下面对这 3 种模型分别进行一个简要的介绍，以便读者了解它们的特点。

1 Dreambooth

Dreambooth 是一种稳定扩散模型，侧重于生成梦幻般的超现实图像。它的目的是通过强调艺术和抽象元素，创造出视觉上有吸引力和有想象力的内容。该模型旨在生成具有梦幻般质量的图像，通常以鲜艳的色彩、不寻常的形状和幻想的场景为特征。Dreambooth 在艺术家、摄影师和欣赏非传统和空灵图像之美的人群中很受欢迎。

2 SD 1.5

SD 1.5 指的是 Stable Diffusio 1.5，是稳定扩散模型的另一个版本。这个版本建立在以

前的稳定扩散技术迭代的基础上，在生成过程中加入了细化和改进。SD 1.5 着重于产生高质量和真实的图像，旨在生成与自然照片非常相似的图像，以逼真的方式捕捉细节、纹理和照明。SD 1.5 经常被用于需要逼真图像合成的应用中，如计算机图形、虚拟现实等。

3 RealisticVisionV13_v13

RealisticVisionV13_v13 是 Realistic Vision 稳定扩散模型的一个特定版本。这个模型强调创建看起来高度真实的图像，复制真实世界照片的特征。RealisticVisionV13_v13 利用先进的技术来生成具有准确颜色、纹理和复杂细节的图像，其主要目标是产生视觉上令人信服的图像，与相机拍摄的场景非常相似。RealisticVisionV13_v13 通常用于视觉效果、产品渲染和建筑可视化等应用。

总之，Dreambooth 专注于梦幻般的超现实图像，SD 1.5 强调高质量和逼真的图像合成，而 RealisticVisionV13_v13 专门生成具有精确细节的高度逼真图像。每个模型都有其独特的特点和应用，迎合了不同的艺术偏好和实际要求。

下面列出一些不同模型生成的图像示例。如图 3-16 ～图 3-21 所示。

图 3-16 漫画风格

图 3-17 写实风格　　　　　　　　　　图 3-18 人物融合风格

图 3-19 科幻风格

图 3-20 抽象艺术风格　　　　　　　图 3-21 产品设计

◼ 3.5 生成多个角色同框

可以使用 Stable Diffusion 来生成不同类型的图像，例如建筑、风景、人物等，但在不适用 Inpaint 方式的前提下生成多个人物在一幅图像中，还需要借助其他的工具来实现，本节我们来介绍一下 Latent Couple（潜在耦合）插件。

这个插件可以将绘图区域进行比例分割，每个区域可以通过 Sub-Prompt（子提示词）进行独立绘图，从而能够在一个绘制过程中对不同的区域进行单独绘制，并且可以实现一幅图中有不同的风格展示，而无须进行 Inpaint 操作。另外，结合 ControlNet 还可以实现不同姿态下的人物形象塑造。

首先要安装 Latent Couple 插件。打开 Extensions 选项卡，找到 Latent Couple 插件，这 里 是 https://github.com/ashen-sensored/stable-diffusion-webui-two-shot，单 击 Install 按钮进行安装，如图 3-22 所示。安装完毕后单击重启 Stable Diffusion 使得插件生效，如图 3-23 所示。

图 3-22 安装 Latent Couple 插件

图 3-23 Latent Couple 插件生效

下面我们先不使用 Latent Couple 插件而是直接通过 Prompt 来生成多个人物图片，使用的正向提示词如下：

（1）指定背景：

interior white living room（室内白色客厅的背景图像）。

（2）指定人物：

AND a man,black suit,modelshoot style（1 个穿着黑色西装的时装模特风格的男士）。

AND a beautiful girl,long hair with ponytail, blue eyes,red dress, modelshoot style（1 个长发蓝色眼睛穿着红色裙子的模特风格的女士）。

完整的正向提示词如下：

interior white Living room background

AND a man,black suit,modelshoot style

AND a beautiful girl,long hair with ponytail, blue eyes,red dress,modelshoot style

反向提示词内容如下：

(normal quality), (low quality), (worst quality), paintings, sketches（(普通质量)，(低质量)，(最差质量)，绘画，素描）。

参数保持默认选择，单击 Generate 按钮生成图像，结果如图 3-24 所示，并没有按照我们的要求在同一幅图像中生成两个人物。

图 3-24 生成的图像

接下来我们引入 Latent Couple 插件，并在图像中生成 4 个人物，这里使用预先识别好的 OpenPose 的姿态图。我们将图像内容分成 4 等分，相关的 Divisions 和 Positions 如图3-25～图3-28 所示。

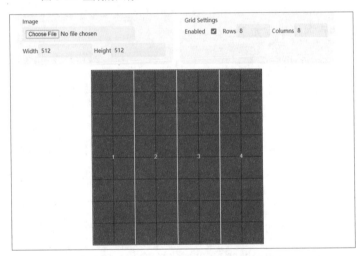

图 3-25 相关的 Divisions 和 Positions 设置 1

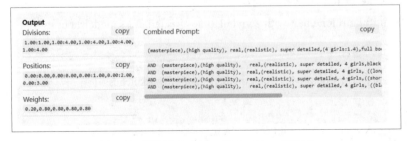

图 3-26 相关的 Divisions 和 Positions 设置 2

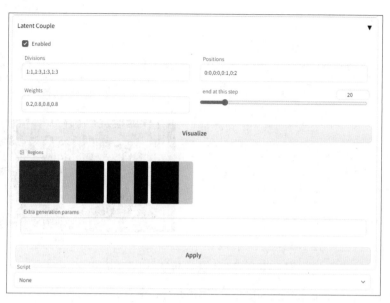

图 3-27 相关的 Divisions 和 Positions 设置 3

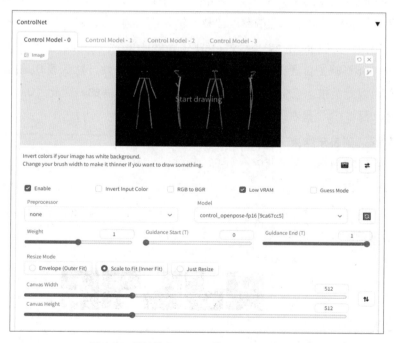

图 3-28 相关的 Divisions 和 Positions 设置 4

生成的图像效果如图 3-29 所示，在同一幅图中生成了 4 个姿态各异的人物。

图 3-29 引入 Latent Couple 后生成的图像

这里介绍一下 Divisions、Positions 和权重的相关含义。

（1）Divisions 的值之间用逗号隔开，分区的数量以"V:H"的格式表示。其中"V"和"H"分别是一个区域沿纵轴和横轴划分的分区数量。例如，1：1，2：2，5：4。

（2）Positions 参数的格式是"V_start-V_end:H_start-H_end"，其中"V_start-V_end"表示 Prompt 影响的位置范围。这些位置的下标从 0 开始，意味着 0 是第一个位置，1是第二个位置，以此类推。它们是从上到下、从左到右的排列的，因此"0:0"是"2:2"划分中的左上角，而"1:1"是右下角。

如果是区间，则表示结束位置是不包含的，可以省略，因此"0:0"相当于"0-1:0-1"，"1:1"相当于"1-2:1-2"，等等。

不同提示词的位置可以重叠。例如，0：0，1：1，1-4:1-3。

（3）权重只是区域的强度，以防它与其他区域重叠，它可以是 0 ～ 1 的任何数值，如图 3-30 所示。

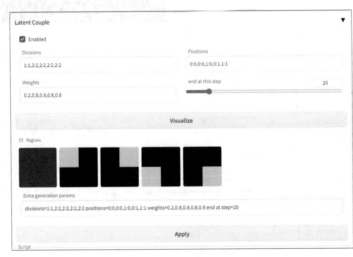

图 3-30 权重设置

完整的提示词和相关设置如图 3-31 所示。

图 3-31 完整的提示词和相关设置

生成的效果图如图 3-32 所示。

图 3-32 调整各类参数生成的图像

正向提示词：

(masterpiece),(high quality), super detailed,(4 girls:1.4),full body,interior white Living room （(杰作)，(高质量)，超精细，(4个女孩：1.4)，全身，室内白色客厅)。

AND (masterpiece),(high quality), super detailed, 4 girls,black suit,closeup（和(杰作)，(高质量)，超级详细，4个女孩，黑色套装，特写)。

AND (masterpiece),(high quality), super detailed,.4.girls, ((long hair with ponytail, blue eyes,red dress)),closeup（和(杰作)，(高质量)，超级详细.4.女孩,(长发马尾辫,蓝眼睛,红裙子),特写镜头)。

AND (masterpiece),(high quality), super detailed, 4 girls,((short hair, red eyes,blue dress)),closeup（和(杰作)，(高质量)，超级详细，4个女孩,((短发，红眼睛，蓝衣服))，特写镜头)。

AND (masterpiece),(high quality), super detailed, 4 girls, ((black eyes,black hair)),closeup（和(杰作)，(高质量)，超级详细，4个女孩,((黑眼睛，黑头发))，特写)。

反向提示词：

cut off, bad, boring background, simple background, More_than_two_legs, more_than_two_arms, (3d render), (blender model), (fat), ((((ugly)))), (((duplicate))), ((morbid)), ((mutilated)), [out of frame], extra fingers, mutated hands, ((poorly drawn hands)), ((poorly drawn face)), (((mutation))), (((deformed))), ((ugly)), blurry, ((bad anatomy)), (((bad proportions))), ((extra limbs)), cloned face, (((disfigured))), out of frame, ugly, extra limbs, gross proportions, (malformed limbs), ((missing arms)), ((missing legs)), ((extra arms)), ((extra legs)), mutated hands, (fused fingers), (too many fingers), ((long neck)), lowres, bad hands, text, error, missing fingers, extra digit, fewer digits, cropped, worst quality, low quality, normal quality, jpeg artifacts, signature, watermark, username, blurry, artist's name（截断的，糟糕的，乏味的背景，简单的背景，多于两只腿，多于两只手臂，(3D渲染)，(Blender模型)，(肥胖的)，(((丑陋的)))，(((复制的)))，((病态的))，((残缺不全的))，[画面外]，额外的手指，变异的手，((手部画得不好看))，((脸画得不好看))，(((突变)))，(((变形)))，((丑陋))，模糊不清，((糟糕的解剖结构))，(((不协调的比例)))，((多余的肢体))，克隆的脸，(((残缺不全的身体部位)))，画面外，丑陋，多余的肢体，巨大的比例，(畸形的肢体)，(缺少手臂)，((缺少腿部))，((多余的手臂))，((多余的腿部))，变异的手，(融合的手指)，(太多的手指)，((长脖子))，低分辨率，糟糕的手部细节，文本，错误，缺失手指，额外数字，较少数字，裁剪不良，最差质量，低质量，正常质量，JPEG图像伪影，签名，水印，用户名，模糊不清，艺术家的名字)。

▨ 3.6 Inpaint 绘制

Inpaint 即图像修补，是一种用来填补图像中损坏或缺失部分的方法，在图像中信息缺失的地方生成新的内容来进行图像修复。

Stable Diffusion 中的 Inpaint 是使用一种数学方法进行图像绘画的技术。它应用了一个叫作扩散的过程，图像信息从图像的已知部分扩散到未知或受损区域。

它大体上分为如下几个步骤：

步骤01 识别缺失的区域。首先，确定图像受损或缺失的部分，可以通过 Stable Diffusion 手工绘制需要进行 Inpaint 的重绘区域。

步骤02 定义扩散过程。建立一个数学方程来描述信息应该如何从图像的已知部分扩散到未知区域。这个方程的设计是为了确保一个稳定和平稳的扩散过程。

步骤03 对缺失区域进行初始化。缺失区域用初始值填充，初始值可以是随机噪声或基于周围信息的估计值。

步骤04 迭代扩散。扩散过程被反复应用，以逐渐将信息从已知部分传播到未知区域。该方程以数值方式求解，根据相邻像素的值更新缺失区域的像素值。

步骤05 停止标准。扩散过程一直持续到满足一个特定的停止条件为止。这个条件可以是预先确定的迭代次数、与原始图像达到一定的相似度，或者当该方案收敛时。

步骤06 后期处理。在 Inpaint 绘画过程之后，还可以应用其他技术来完善结果。这可能涉及增强边缘或混合纹理，以使填充的区域在视觉上与图像的其他部分一致。

在 Stable Diffusion 的 Web UI 中，可以在 img2img（图生图）选项卡中找到，如图 3-33 所示。Inpaint 的使用方式是先通过笔刷工具标记出需要重绘的区域，再通过 tag 提示词指导程序进行重绘，必要时可以添加权重来提升重绘效果。

图 3-33 Inpaint 选项卡

Inpaint 中有如下几个重要参数：

（1）Mask blur（遮罩模糊）：指的是图像中画笔边缘的柔软度或平滑度，如图 3-34 所示。

图 3-34 Mask blur

（2）Mask mode（遮罩模式）：允许我们选择是让 AI 填充被涂黑的区域（遮蔽的画）还是未被涂黑的区域（不遮蔽的画），如图 3-35 所示。

图 3-35 Mask mode

（3）Masked content（遮蔽的内容）：指的是需要被填充的内容，如图 3-36 所示。

图 3-36 Masked content

- fill（填充）：可以让 AI 根据被遮盖区域附近的颜色来填充该区域。
- original（原始）：使 AI 能够参考被遮盖区域附近的颜色进行填充。
- latent noise（潜在噪声）：使用潜伏空间填充被遮盖区域，这可能导致生成与原始图像完全无关的内容。
- latent nothing（潜在无）：使用潜隐空间填充被遮盖区域而不引入任何噪声。

（4）Inpaint area（涂抹区域）：允许选择是填充整幅图还是只填充被遮盖的区域，如图 3-37 所示。

图 3-37 Inpaint area

（5）Only masked padding, pixels（只有遮挡的填充物）：这里指的是被遮盖区域周围用于填充的像素数，如图 3-38 所示。

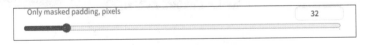

图 3-38 Only masked padding, pixels

3.7 Outpaint 绘制

Outpaint 是指将现有图像的内容扩展到其原始边界之外的过程。它通过生成新的像素或细节来延续图像中已有的视觉信息，有效地扩大了绘制范围。

在 Stable Diffusion 的工具集 Web UI 中，Outpaint 允许我们通过调节输入图像的扩散模型来实现在图像边界之外生成额外内容。这个模型经过训练，能够学习训练数据中的基本模式和结构，并能够推断出这些知识，从而在原始图像的边界之外创建新的像素。通过 Outpaint 可以根据已有的图像信息进行创造性的扩展，使生成的图像更加丰富、完整。

将 Stable Diffusion 的图生图或者文字生图技术与 Outpaint 相结合，就有可能生成视觉上一致且连贯的图像扩展，与原始内容无缝融合。这可以有多种应用，例如提高图像的分辨率，从较小的图像中生成较大的图像，或者通过将场景扩展到所拍摄的画面之外来创建全景图。

下面介绍一下如何在 Stable Diffusion 中使用 Outpaint 来对现有的图像进行扩展。

步骤01 首先使用提示词生成一幅小朋友在玩耍的图像。

参考提示词：

((a kid)) in the playground,ultra detailed,8K,unreal engine,photorealistic（（（1 个孩子 ）） 在操场上，超详细的，8K 分辨率，使用虚幻引擎制作，照片般真实的画面）。

使用默认的图像尺寸 512×512，生成结果如图 3-39 所示。

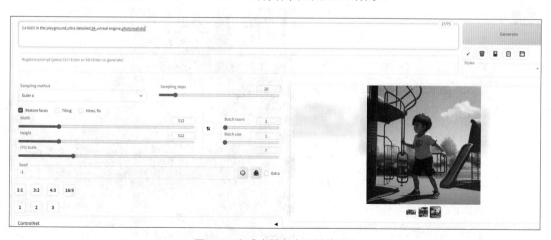

图 3-39 生成小朋友在玩耍的图片

步骤 02 单击 "sent to img2img" 切换到 img2img 选项卡，这时候我们会发现包含提示词在内的所有的参数设定都已经从 text2img 复制到 img2img 选项卡里了。

步骤 03 对提示词进行微调，打算在场景左侧添加一只猫，修改提示词为 ((a big cat)) in the playground,ultra detailed,8K,unreal engine,photorealistic（（（一只大猫））在操场上，超详细的，8K 分辨率，使用虚幻引擎制作，照片般真实的画面）。

步骤 04 在脚本下拉选择列表中选择 Outpainting mk2 脚本，设置 Outpainting direction（扩展方向）为向左扩展，如图 3-40 所示。单击 Generate 按钮生成图片，原图左侧被扩展填充，出现了一只猫，如图 3-41 所示。

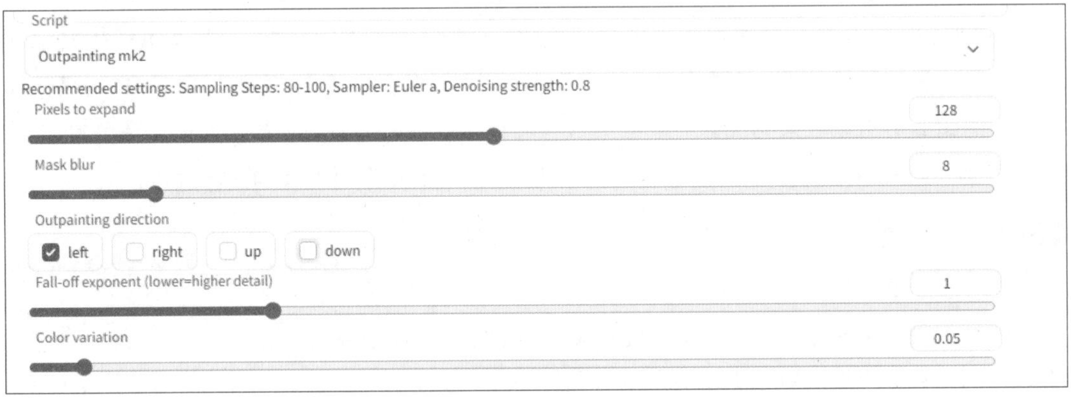

Script

Outpainting mk2 ⌄

Recommended settings: Sampling Steps: 80-100, Sampler: Euler a, Denoising strength: 0.8

Pixels to expand | 128

Mask blur | 8

Outpainting direction

☑ left ☐ right ☐ up ☐ down

Fall-off exponent (lower=higher detail) | 1

Color variation | 0.05

图 3-40 向左扩展

步骤 05 同样地，我们打算在图像的右侧进行扩展，添加一幅狗的图像。修改提示词为：((a blue bulldog)) in the playground,ultra detailed,8K,unreal engine, photorealistic（（（一只蓝色的斗牛犬））在操场上，超详细的，8K 分辨率，使用虚幻引擎制作，照片般真实的画面）。选择 Outpaint 向右扩展，如图 3-42 所示。

图 3-41 向左扩展在场景中添加一只猫

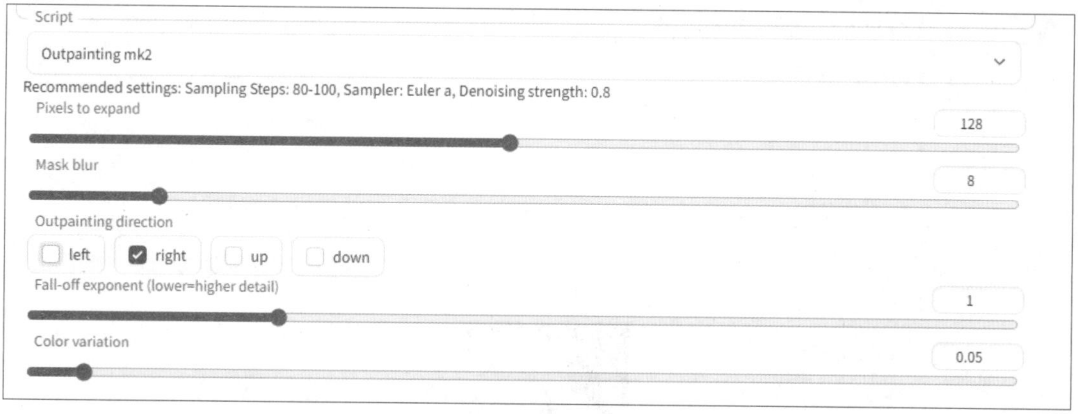

Script

Outpainting mk2   ⌄

Recommended settings: Sampling Steps: 80-100, Sampler: Euler a, Denoising strength: 0.8

Pixels to expand
                                                                                                        128

Mask blur
                                                                                                          8

Outpainting direction

☐ left   ☑ right   ☐ up   ☐ down

Fall-off exponent (lower=higher detail)
                                                                                                          1

Color variation
                                                                                                       0.05

图 3-42 向右扩展

最终生成的图像如图 3-43 所示。

图 3-43 最终生成的图像

在图片左侧扩展出一只猫，在图片右侧扩展出一条狗。

3.8 修复面部细节

有时我们在生成人物图像时会出现人物面部不自然的情况，这时就可以使用 Inpaint 的方式进行修复。下面来看一个简单的例子。

步骤 01 切换到 img2img 选项卡，将一个需要修复的图像拖入 Inpaint 的 image canvas（图像画布）中，如图 3-44 所示。

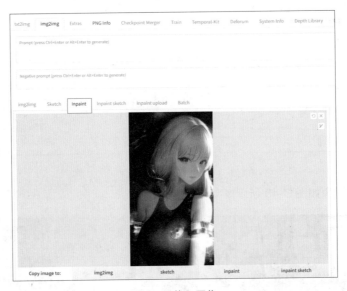

图 3-44 拖入图像

步骤 02 使用画笔工具涂抹需要重绘的区域（即面部区域）。一般来说，当我们需要对一幅图像进行修复或重绘时，面部区域往往是最关键和复杂的部分之一，然而，Inpaint 和提示词使得面部修复变得简单和方便。在工具栏中选择画笔工具，并确保设置合适的画笔大小进行涂抹，如图 3-45 所示。通常画笔工具的图标类似于一个笔刷或画笔。

步骤 03 图像分辨率和原图保持一致，Mask mode 选择 Inpaint masked，Inpaint area 选择 Only masked（局部重绘的方式），Denoising strength 设置成 0.54，如图 3-46 所示。

图 3-45 用画笔进行涂抹需要重绘区域

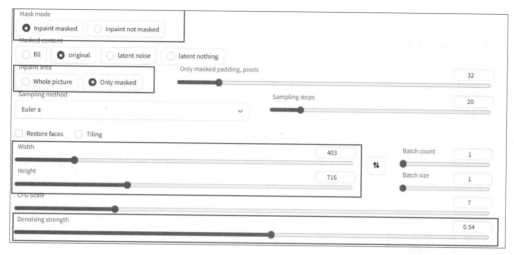

图 3-46 设置参数

步骤 04 输入正向提示词：1 girl, blue eyes,green dress,digital art,HDR photograph（1 个女孩，蓝色的眼睛，绿色的连衣裙，数字艺术，HDR 照片），单击 Generate 按钮，效果如图 3-47 所示。如果对生成的效果不满意，可以多次进行 Inpaint 以达到预期效果。

图 3-47 生成的图像效果

3.9 总结

本章首先介绍了Stable Diffusion实现的基本原理，为读者全面掌握这一技术打下了基础。然后详细介绍了 Stable Diffusion 的安装方法，确保每个读者都能使用该工具。最后通过案例展示了如何进行 Inpaint、Outpaint、面部修复以及多角色同框等操作，这些案例不仅可以帮助读者理解如何在实际项目中应用 Stable Diffusion，还能激发联想，多种技巧可以叠加组合使用。

3.10 练习

（1）尝试按照书中的步骤重现多角色同框的图像。

（2）尝试找一幅人物图像进行面部重绘修复。

ControlNet 的
使用

AI 创意绘画与视频制作
基于 **Stable Diffusion**
和 **ControlNet**

虽然 Stable Diffusion 提供了生成图像的利器，但是通常情况下，生成的图像并不能完全按照我们的想法进行布局和绘制，图生图模块是会对最终生成图像进行一定的指导和影响，但并不能按照要求进行精调，特别是人物动作和建筑结构部分。本章介绍的 Stable Diffusion 中常用的 ControlNet 插件，它能对图像进行精调，通过 OpenPose（人物姿态）、Canny（边缘检测）、Depth（深度）等对输出图像进行精细控制。

本章将介绍 ControlNet 插件的基本概念，并指导如何安装和配置 ControlNet，如何一步一步通过 Stable Diffusion Web UI 的相关配置并结合提示词对输出图像进行精准引导，介绍 ControlNet 中的 14 种预处理模型，它们各自都有什么样的效果。

4.1 ControlNet 的基本概念

随着大型文字到图像模型的兴起，通过 AI 作图的门槛越来越低，但是单纯通过提示词生成图像有着一定的局限性，使用提示词进行控制会受到 token 数量和提示词复杂度的限制。随着提示词变得越来越复杂，生成图像的要求也就越来越高，可控性则变得更差。对于某些特定任务，更精细的控制是必需的。单纯的大型模型可能面临过拟合和泛化能力不足的问题，这在特定任务面前尤为显著。因此，我们需要进一步探索和发展用于图像生成的更高级技术和方法，以克服这些问题并提升模型的性能和可控性。

为了应对这些问题，研究人员提出了一种名为 ControlNet 的框架。该框架可以根据用户提供的提示词和控制生成高质量的图像，并且可以通过微调在特定任务中提高性能。通过这种方式，我们可以更好地满足特定任务的需求，并充分利用大型模型的潜力。

ControlNet 是一种控制 Stable Diffusion 模型的神经网络模型，目前已经以插件的形式内嵌在 Stable Diffusion Web UI 中，我们可以在任何基于 Stable Diffusion 1.5 或者 2.0 的模型上使用 ControlNet 来进一步控制图像的输出。这种输出不限于通过 OpenPose 控制人物的姿态，通过 Canny 等模型获取物体的边缘以便进行新纹理的填充，并且可以使用 Depth maps 模型来获取深度信息以便生成更有立体空间的图像，从而控制前景和背景的生成。

■ 4.2 ControlNet 的安装

ControlNet 目前已经集成在 Stable Diffusion 中，可以通过插件的形式进行安装。具体安装步骤如下：

步骤 01 切换到 Extensions 选项卡，打开 Install from URL 选项卡，在 URL for extension's git repository 一栏中填入 ControlNet 的 Git 地址，如图 4-1 所示。

```
https://github.com/Mikubill/sd-WebUI-controlnet.git
```

图 4-1 填入 ControlNet 的地址

步骤 02 单击 Install 按钮进行安装。安装完毕后，回到 Installed 选项卡，单击 Apply and restart UI 按钮重启 Web UI 以使插件生效（需要确保 ControlNet 被选中），如图 4-2 所示。

图 4-2 重启 Web UI 以使插件生效

步骤 03 安装完毕后需要下载模型，目前 ControlNet 支持 14 种不同的模型，包括：

- control_v11p_sd15_canny
- control_v11p_sd15_mlsd
- control_v11f1p_sd15_depth
- control_v11p_sd15_normalbae
- control_v11p_sd15_seg

- control_v11p_sd15_inpaint
- control_v11p_sd15_lineart
- control_v11p_sd15s2_lineart_anime
- control_v11p_sd15_openpose

- control_v11p_sd15_scribble
- control_v11p_sd15_softedge
- control_v11e_sd15_shuffle
- control_v11e_sd15_ip2p
- control_v11u_sd15_tile

这些模型可以通过以下链接进行下载：

https://huggingface.co/lllyasviel/ControlNet-.1.1/tree/main

模型下载后需要放在 stable-diffusion-WebUI\extensions\sd-WebUI-controlnet\models 目录中。

4.3 ControlNet 的使用方法

目前，ControlNet 最新版本是 1.1.224，其界面如图 4-3 所示。ControlNet 可以支持多个模型公用，例如我们想对某个画面进行修改，而修改的内容不仅包含人物所在的背景，还包含人物的服饰，这时候便可以考虑使用 Depth 和 OpenPose 模型对图像进行编辑。

图 4-3 ControlNet 界面

目前 ControlNet 可以在 text2img 和 img2img 功能模块里使用。使用之前除了需要下载对应的 ControlNet 识别模型外，还需要指定相对应的 text2img 或 img2img 模型来生成图像。下面我们以 SD 1.5 模型（见图 4-4）为例来生成图像。

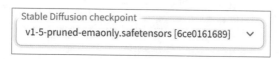

图 4-4 以 SD 1.5 模型为例生成图像

（1）在 text2img 选项卡中，输入以下提示词：

正向提示词：ghibli style,starwar,cyberpunk, a beautiful cinematic female , golden dress,close up, full body（吉卜力风格，星际大战，赛博朋克风格，1 个美丽的电影女性，金色的连衣裙，近景，全身）。

反向提示词：(nsfw), (worst quality), (low quality:1.4), (bad anatomy), watermarks, artist logo, logo（（少儿不易），（最差质量），（低质量：1.4)，（糟糕的解剖结构），水印，艺术家标志，标志）。

画面比例选中预设 3，即 6:19 模式，其他相关设定保持默认，如图 4-5 所示。

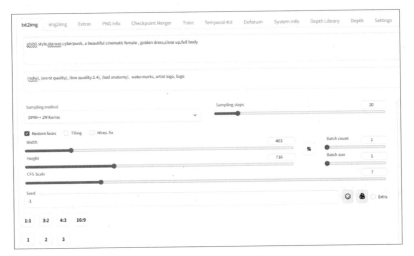

图 4-5 txt2img 选项卡的设置

（2）接下来进行 ControlNet 的相关设定。在 Stable Diffusion 尺寸设定的下方找到 ControlNet，单击右侧的三角箭头即可展开配置项，如图 4-6 所示。

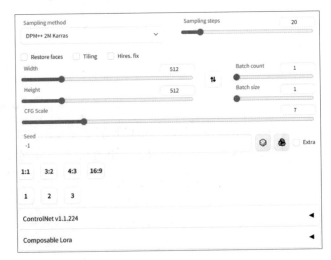

图 4-6 找到 ControlNet

首先勾选 Enable 复选框使得 ControlNet 工具被激活，接着在 ControlNet 的图像画板区域拖入一幅参考图，这里我们使用一幅跳舞的人物图像，模型选择区域需要对 Preprocessor（预处理器）和 Model（模型）进行指定。Preprocessor 是将上传的图进行预先处理，比如使用 Canny 并指定模型后，会将图像转换成边缘线框模式再进行像素填充的操作；如果不需要进行预处理（已经是线框或人体姿态图），便可以把 Preprocessor 设置成 none。我们这里将 Preprocessor 设置成 openpose，说明需要将参考图处理成人体姿态点位图，Model 选择 control_openpose_fp16（低精度模型，读者也可以选择高精度模型）。具体设置如图 4-7 所示。

图 4-7 ControlNet 设置

（3）设置好后单击 Generate 按钮，便可以看到生成的图像已经按照参考图的姿态摆好了姿势，如图 4-8 所示。

新版的 ControlNet 自带了预览功能，当我们勾选 Allow Preview 复选框后，便可在 image canvas 区域的右侧看到经过 Preprocessor 处理后的图像样子。另外，勾选 Pixel Perfect 复选框后，ControlNet 会自动设定好 Preprocessor 的分配率而无须手工调整，如图 4-9 所示。

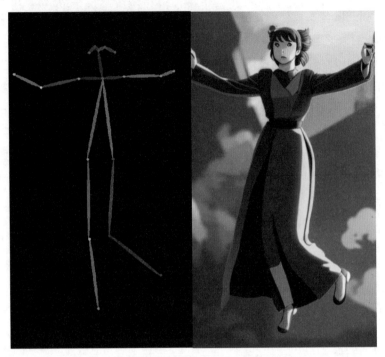

图 4-8 依据参考图生成的图像

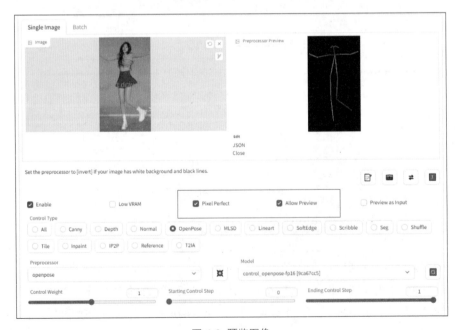

图 4-9 预览图像

OpenPose 模型

在处理人像和调整人像姿态方面有着重要的作用，我们在 Preprocessor 下拉列表中可以看到 OpenPose 有几个不同的类型，如图 4-10 所示。

- openpose：包含眼睛、鼻子、眼睛、颈部、肩膀、肘部、手腕、膝盖和脚踝。
- openpose_face：openpose + 面部特征。
- openpose_faceonly：仅包含面部特征。
- openpose_hand：openpose + 手部特征。
- openpose_full：包含所有 openpose 的特征。

图 4-10 openpose 模型人像姿态的不同选项

OpenPose 类型的效果如图 4-11 所示。

openpose_face 类型的效果如图4-12所示。

图 4-11 OpenPose 类型

图 4-12 openpose_face 类型

openpose_faceonly 类型的效果如图 4-13 所示。

openpose_full 类型的效果如图4-14所示。

图 4-13 openpose_faceonly 类型

图 4-14 openpose_full 类型

openpose_hand 类型的效果如图 4-15 所示。

图 4-15 openpose_hand 类型

4.4 ControlNet 中的模型

ControlNet 中有 14 种模型，本节以案例的形式介绍其中常用的 7 种模型及其效果。

4.4.1 案例一：不同模型下的效果

本小节主要介绍 Canny、Depth、HED 模型。

- Canny（边缘检测）：是一种广泛使用的图像处理算法，用于识别边缘。它采用一个多阶段的过程，通过分析强度梯度来检测边缘。Canny 能够高精度地检测边缘并抑制噪声。

- HED（整体边缘检测）：是一种通过观察整体画面来检测图像中的边缘的技术。它的目标是找到图像中物体和形状的边界。HED 依靠一个深度学习架构来生成准确的边缘图。

- Depth（深度）：是指计算机视觉中与感知距离或深度有关的特征或功能。深度模式可以通过各种技术实现，如立体视觉、结构光、飞行时间或焦点深度。深度预处理器负责从参考图像中估计深度信息，在这个过程中，有以下几种常用的深度估计模型：

  ➢ Depth Midas：这是一个经典的深度估计器，经常被用于官方 V2 深度－图像模型。它提供了一个合理的深度估计，并因其可靠性而闻名。Depth Midas 的效果如图 4-16 所示。

  ➢ Depth Leres：与 Depth Midas 相比，这个模型提供更详细的深度信息。然而，它有一种倾向，即以更大的重点渲染背景，因此有时会导致对前景物体的深度估计不太准确。Depth Leres 的效果如图 4-17 所示。

图 4-16 Depth Midas 的效果

图 4-17 Depth Leres 的效果

  ➢ Depth Leres++：这个模型是在 Depth Leres 的基础上的进一步改进，提供了更详细的深度信息。它旨在捕捉场景中复杂的特征和结构，提供更高水平的深度精度。Depth Leres++ 的效果如图 4-18 所示。

> Depth Zoe：就细节水平而言，Depth Zoe 位于 Depth Midas 和 Depth Leres 之间，它在捕捉精细细节和保持准确性之间取得了平衡，在需要中等程度的深度信息时，通常会选择它。Depth Zoe 的效果如图 4-19 所示。

图 4-18 Depth Leres++ 的效果　　　　　　图 4-19 Depth Zoe 的效果

这些深度估计模型在预处理阶段被用来估计深度信息，然后估计出来的深度信息在图像处理管道的后续阶段被加以利用。每个模型都有自己的特点和权衡，选择使用哪个模型取决于手头的应用或任务的具体要求。虽然 Depth 与估计图像或场景中的深度信息有关，可以更好地区分出前景和背景图层，但它也有自己的局限之处——不能很好地处理抽象艺术画作，并且不能区分出镜像、窗户和现实物体的图像，当图像出现镜面反射或者水倒影时并不能很好地区分远近透视图。

下面我们使用同一幅图像，通过选择不同的模型来观察模型的效果。

1 建筑物图像

首先，使用一幅建筑物图像（见图 4-20）来检测不同模型下的效果。

正向提示词：building, French style, horror, creepy, no humans, scenery, tree, house, autumn leaves, outdoors, autumn, window, blurry, leaf, depth of field, door, sky（建筑物，法国风格，恐怖，令人毛骨悚然的，没有人类，风景，树，房子，秋天的落叶，户外，秋天，窗户，模糊不清的，叶子，景深，门，天空）。

（1）当我们使用 ControlNet 后，选择 Depth 模型，得到如图 4-21 所示的输出效果。

（2）换一个模型进行尝试，选择 Canny 模型，效果如图 4-22 所示。

图 4-20 建筑物图像示例

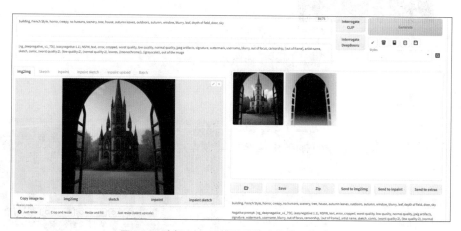

图 4-21 选择 Depth 模型后的建筑物图像效果

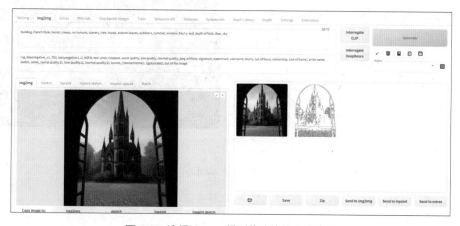

图 4-22 选择 Canny 模型的建筑物图像效果

（3）选择 HED 模型进行图生图的尝试，效果如图 4-23 所示。

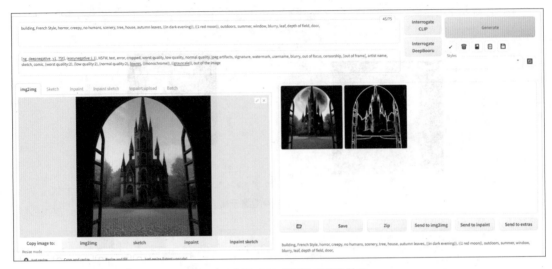

图 4-23 选择 HED 模型的建筑物效果

2 动物图像

下面使用一幅动物图像（见图 4-24）来说明 ControlNet 中不同模型的使用场景和效果。

正向提示词：Cinematic shot of ((taxidermy canary with white feather)) standing on the snow land, grass, trending in artstation,4K, realistic,studio quality,cinematic lighting（（（有白色羽毛的标本金丝雀））站在雪地上的电影镜头，草地，在 Artstation 上流行，4K，现实，工作室质量，电影照明）。

图 4-24 动物图像示例

（1）选择 Canny 模型，输出图像的效果如图 4-25 所示。

（2）选择 Depth 模型，输出图像的效果如图 4-26 所示。

图 4-25 Canny 模型的效果

图 4-26 Depth 模型的效果

（3）选择 HED 模型，输出图像的效果如图 4-27 所示。

图 4-27 HED 模型的效果

（4）选择 Scribble 模型，输出图像的效果如图 4-28 所示。

图 4-28 Scribble 模型的效果

4.4.2 案例二：不同模型下的效果

本小节主要介绍 MLSD、Normal Map、Scribbles、Segmentation 模型及其使用案例。

- MLSD（Mobile Line Segment Detection）：该模型的目标是从图像中准确地提取出直线段，而曲线则会被忽略。直线段在计算机视觉和图像处理中具有广泛的应用，例如边缘检测、目标检测、图像拼接等，并且经常应用在室内设计、户外建筑、街道的边缘检测中。

- Normal Map（法线贴图）：这是一种纹理映射技术，用于增强三维模型的细节和表面光照效果。它通过储存每个像素处的法线方向信息，使得模型的表面能够在渲染时呈现出更加真实的效果。通常情况下，三维模型的表面法线以三维坐标（X、Y、Z）的形式表示，然而，法线贴图采用了一种特殊的编码方式，将法线方向压缩到纹理图像的 RGB 通道中。法线贴图中的每个像素颜色（R、G、B）对应于法线在（X、Y、Z）坐标系中的方向分量。

- Scribbles（涂鸦）：Scribbles 模型以类似手绘的方式提供物体的轮廓特征，以便 Stable Diffusion 通过提示词对目标进行绘制。由于其生成的草图比较像手绘作品，故又被称为 Scribble 算法。Scribbles 中又有 3 种算法：Scribble HED、Scribble xdog 和 Scribble Pidinet，它们都基于图像边缘检测算法。

  ➤ Scribble HED 的全称是 Holistically-Nested Edge Detection，是一种进行图像边缘检测的方法，能够很好地推断出图像中的边缘信息，从而实现准确的边缘检测。由于 Scribble HED 算法对人像具有良好的处理效果，因此常用于人像图像的改色和风格化迁移处理。

- ➢ Scribble xdog 的全称为 EXtended Difference of Gaussian（XDoG），该算法是在 DoG 算法的基础上进行的扩展，以更好地处理具有复杂纹理和细节的图像。Scribble xdog 算法采用阈值进行判定而非使用梯度进行判定的方法来加宽边缘，从而产生更准确的边缘结果，并能够更好地保留图像的纹理细节。
- ➢ Scribble Pidinet 的全称为 Pixel Difference Network，是另一种进行图像边缘检测的方法，它用来检测竖直的曲线的边缘，相对 HED 来说可能保留的细节较少。

- ● Segmentation（图像分割）：是一种计算机视觉领域的图像处理技术，用于将图像中的像素分组或分类成具有相似特征的区域。其目标是根据像素之间的相似性和差异性，将图像分割成不同的区域或对象，以便更好地理解和分析图像内容。这些区域可以基于颜色、纹理、亮度、形状等特征进行划分。通过分割图像，可以将对象与背景分离，提取出感兴趣的目标，并为后续的图像分析和处理任务提供更准确的输入。

目前 ControlNet 支持的 Segmentation 包含了 3 种模式，即 Seg_OFADE20K (Oneformer ADE20K)、Seg_UFADE20K (Uniformer ADE20K) 和 Seg_OFCOCO (Oneformer COCO)。

本案例使用一幅室内景观图像（见图 4-29）来观察 Depth、MLSD、Normal Map、Scribbles、Segmentation 模型的效果。

图 4-29 室内景观图示例

（1）Depth 模型的效果。

① Depth Midas 的效果 如图 4-30 所示。

图 4-30 Depth Midas 的效果

② Depth Leres 的效果 如图 4-31 所示，很好地区分 出了背景，保留了大部分细 节，比如窗户和天花板。

图 4-31 Depth Leres 的效果

③ 当选择 Leres 模型时，我们可以对前景和背景进行移除，这样就可以忽略不需要的细 节。如图 4-32 所示，当我们移动 Remove Background 滑块时，会将部分深色的部分归一化 成黑色。这里的百分比是指黑色和白色的比例，而非占据图像的百分比。

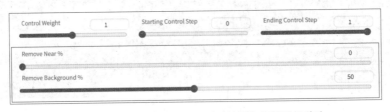

图 4-32 在 Leres 模型下，可以对前景和背景进行移除

图 4-33 显示了不同比例下通过模型识别出来的深度图对照。当我们的图像带有太多背景细节的时候，可以通过移动 Remove Background 的滑块来忽略背景的细节，只突出需要关注的前景中的物体。

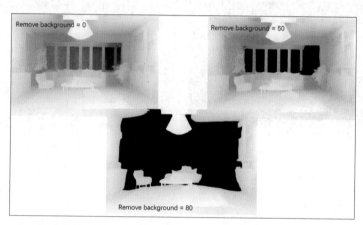

图 4-33 不同 Remove Background 比例下的图像效果

类似地，Remove Near 的操作通常基于像素的亮度值进行判断，根据所设定的阈值，亮度较低的像素会被认为是前景的一部分，并被归一化为白色。这样，在后续的处理中，前景区域可以更明确地与背景区域区分开，更有助于提取对象或进行其他特定任务。

需要注意的是，Remove Near 的效果可能受到多个因素的影响，例如图像质量、光照条件以及前景和背景之间的对比度差异。因此，在实际应用中，可能需要根据具体情况进行调整和优化，以达到最佳的前景移除效果。

Remove Near 通过控制白色占据的比例来移除前景，如图 4-34 所示。

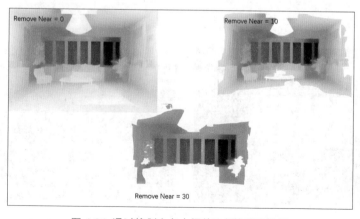

图 4-34 通过控制白色占据的比例来移除前景

（2）MLSD 模型的效果如图 4-35 所示，从图中提取出了直线段。

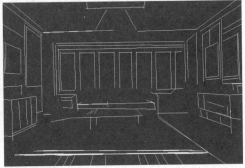

图 4-35 MLSD 的效果

（3）法线贴图（Normal Map）模型的效果。

① Normal Bae 的效果如图 4-36 所示。

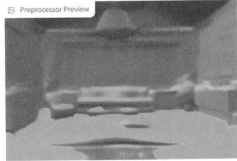

图 4-36 Normal Bae 的效果

② Normal Midas 的效果如图 4-37 所示。

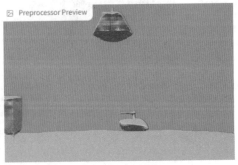

图 4-37 Normal Midas 的效果

（4）Scribbles 模型的效果。

① Scribble HED 的效果如图 4-38 所示。

图 4-38 Scribble HED 的效果

② Scribble xdog 的效果如图 4-39 所示。

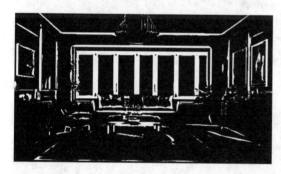

图 4-39 Scribble xdog 的效果

③ Scribble Pidinet 的效果如图 4-40 所示。

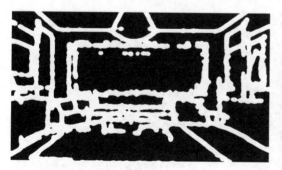

图 4-40 Scribble Pidinet 的效果

（5）Segmentation 模型的效果。

① Seg_OFADE20K 的效果如图 4-41 所示。

图 4-41 Seg_OFADE20K 的效果

② Seg_UFADE20K 的效果如图 4-42 所示。

图 4-42 Seg_UFADE20K 的效果

③ Seg_OFCOCO 的效果如图 4-43 所示。

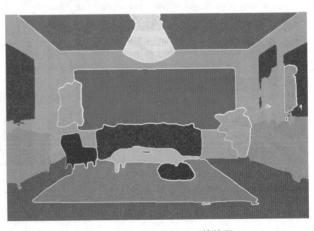

图 4-43 Seg_OFCOCO 的效果

由上述介绍可以看出，室内景观图像中的大部分物品，比如柜子、椅子、桌子、餐边柜、沙发、地毯、地板等都被成功分割出来，并用不同的颜色加以区分。在本例中，相比而言，Seg_UFADE20K 的分割效果要好于 Seg_UFADE20K 和 Seg_OFCOCO。

关于不同颜色对照的不同物体的对照表如图 4-44 所示。

	A	B	C	D	E	F	G	H	I
	Idx	Ratio	Train	Val	Stuff	Color_Code (R,G,B)	Color_Code(hex)	Color	Name
	1	0.1576	11664	1172	1	(120, 120, 120)	#787878		wall
	2	0.1072	6046	612	1	(180, 120, 120)	#B47878		building;edifice
	3	0.0878	8265	796	1	(6, 230, 230)	#06E6E6		sky
	4	0.0621	9336	917	1	(80, 50, 50)	#503232		floor;flooring
	5	0.048	6678	641	0	(4, 200, 3)	#04C803		tree
	6	0.045	6604	643	1	(120, 120, 80)	#787850		ceiling
	7	0.0398	4023	408	1	(140, 140, 140)	#8C8C8C		road;route
	8	0.0231	1906	199	0	(204, 5, 255)	#CC05FF		bed
	9	0.0198	4688	460	0	(230, 230, 230)	#E6E6E6		windowpane;window
	10	0.0183	2423	225	1	(4, 250, 7)	#04FA07		grass
	11	0.0181	2874	294	0	(224, 5, 255)	#E005FF		cabinet
	12	0.0166	3068	310	1	(235, 255, 7)	#EBFF07		sidewalk;pavement
	13	0.016	5075	526	0	(150, 5, 61)	#96053D		person;individual;someone;somebody;mortal;soul
	14	0.0151	1804	190	1	(120, 120, 70)	#787846		earth;ground
	15	0.0118	6666	796	0	(8, 255, 51)	#08FF33		door;double;door
	16	0.011	4269	411	0	(255, 6, 82)	#FF0652		table
	17	0.0109	1691	160	1	(143, 255, 140)	#8FFF8C		mountain;mount
	18	0.0104	3999	441	0	(204, 255, 4)	#CCFF04		plant;flora;plant;life
	19	0.0104	2149	217	0	(255, 51, 7)	#FF3307		curtain;drape;drapery;mantle;pall
	20	0.0103	3261	318	0	(204, 70, 3)	#CC4603		chair
	21	0.0098	3164	306	0	(0, 102, 200)	#0066C8		car;auto;automobile;machine;motorcar
	22	0.0074	709	75	1	(61, 230, 250)	#3DE6FA		water
	23	0.0067	3296	315	0	(255, 6, 51)	#FF0633		painting;picture
	24	0.0065	1191	106	0	(11, 102, 255)	#0B66FF		sofa;couch;lounge

图 4-44 不同颜色对照的不同物体的对照表

4.4.3 ControlNet 中的 Inpaint

ControlNet 的选项卡里也有 Inpaint 功能，读者可能会问：ControlNet 的 Inpaint 和 Stable Diffusion 里的 Inpaint 有什么区别呢？是不是 ControlNet 的 Inpaint 功能更强大？答案是肯定的，作为一款对 AI 作图进行微调的工具，ControlNet 的 Inpaint 可以更精确地控制局部重绘图像的位置，使得画面更加自然，更加贴合。

下面以修改人脸为例来说明 ControlNet 的 Inpaint 的使用。

步骤 01 将图像拖入 ControlNet 的 Image Canvas 中，使用笔刷工具对需要修改的部分（这里是面部）进行涂抹，圈住需要修改的区域，如图 4-45 所示。

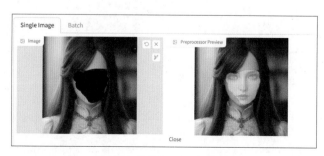

图 4-45 圈住需要修改的区域

步骤 02　在 ControlNet 的 Preprocessor 中选择 Inpainting_global_harmonious，Model 选择
我们在 ControlNet 官方网站下载的 Inpaint 模型 control_v11p_sd15_inpaint.pth，如
图 4-46 所示。

图 4-46　参数设置

步骤 03　在 Prompt 里填入需要修改的提示词，这里使用 big eyes and beautiful eyebrow（大
眼睛和美丽的眉毛）。单击 Generate 按钮生成图像，结果如图 4-47 所示，图像已
经按照提示词进行局部重绘，而且新绘制的部分与头发、服饰以及整体协调程度保
持了较高的一致性。

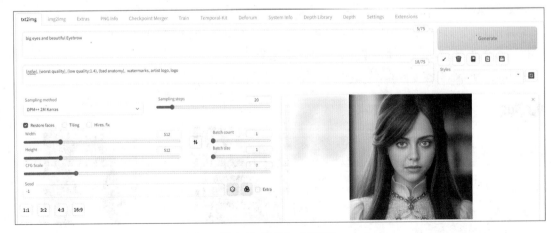

图 4-47　最终生成的图像

▨ 4.5 总结

本章系统地介绍了 ControlNet 插件的核心概念，同时提供了安装和配置 ControlNet 的详细指导；详细讲述了如何在 Stable Diffusion Web UI 中通过逐步的配置和提示词，以及结合不同的技术，对输出图像进行精准引导和调整。另外，本章还深入研究了 ControlNet 中的预处理模型，并且通过示例一一揭示它们所能带来的不同效果和影响。通过本章的内容，读者将能够充分利用 ControlNet 插件，使 Stable Diffusion 更加贴合我们的期望，为图像生成带来更高的精度和创意。

▨ 4.6 练习

（1） 列举 ControlNet 中不同的模型以及不同的使用场景。

（2）尝试通过 ControlNet 以及 txt2img（文字生图模块）生成自己期望的人物姿态图。

（3）ControlNet 中的 inpaint（相对于 Stable Diffusion 自带的 inpaint）有什么特别之处？

结合 Stable Diffusion 和 ControlNet 进行 AI 绘画创作

AI 创意绘画与视频制作
基于 Stable Diffusion
和 ControlNet

　　我们在上一章中介绍了 ControlNet 的基本概念，以及如何安装和使用 ControlNet，了解了 ControlNet 不同类别的预处理模型，比如 Canny、Depth 等。本章介绍 ControlNet 较为高阶的使用方法：如何借助人体模板姿态图像和 OpenPose 模型生成不同角度（三视图等）的人物角色；如何通过 Canny 模型等对室内场景图像进行不同装修风格的转换，同时借助 Latent Couple 工具在场景中添加物品（比如植物盆栽）；如何通过 ControlNet 生成线稿图，以及如何反向操作给线稿图上色生成不同风格的图像；如何借助使用 LoRA 来生成特定风格的精细图像；如何借助 ControlNet 来合理解决在以往设计中遇到的比较困难的光线控制问题和各种手部绘制问题。

■ 5.1 Stable Diffusion 和 ControlNet 结合使用的优势

　　Stable Diffusion 是一种深度学习文本到图像生成的模型，主要用于通过输入文本输出对应的图像，同时也可以实现在提示词指导下进行的图生图操作，借助 Inpaint 或者 Outpaint，也可以用于图像生成和修复擦写等操作。ControlNet 是一种神经网络结构，可以通过添加额外的条件来控制扩展模型。ControlNet 的创新之处是解决了空间一致性的问题，在此之前，没有有效的方法告诉计算机图像中的哪些部分可以保留，那些部分需要重新绘制，现在通过 ControlNet 引入额外的输入条件就可以引导模型进行输出。将 Stable Diffusion 和 ControlNet 两种技术结合起来，可以实现更强大的图像处理能力。

首先，通过将 Stable Diffusion 与 ControlNet 结合，我们可以获得更高的图像生成和修复质量。Stable Diffusion 可以有效处理图像中的噪声、模糊和缺失等问题，而 ControlNet 可以学习并优化生成图像的控制策略。这样，就可以获得更准确、更清晰的图像结果，使得图像处理过程更加可控和稳定。

其次，Stable Diffusion 本身就具有良好的可扩展性，可以应用于不同类型的图像生成和修复任务。目前 ControlNet 以插件的形式和 Stable Diffusion 进行集成，我们可以在 Stable Diffusion 的 Web UI 中来使用 ControlNet 的不同模型。

综上，将 Stable Diffusion 和 ControlNet 结合使用可以带来更高效率和更多样化的高质量的图像处理能力，这种结合能够充分发挥两种技术的优势，使得我们在通过 AI 生成图像的过程中更加得心应手。

▦ 5.2 使用 ControlNet 生成不同角度的图像

之前我们介绍了如何使用 ControlNet 的各种模型，其中 OpenPose 模型在人体姿态表情迁移中起到了重要的作用。在特定需求下我们需要生成特定人物的不同视角的图像（比如前视图、侧身图等），那么如何通过 ControlNet 生成不同角度的图像呢？本节就来介绍一种通过预设人体姿态图并结合 ControlNet 进行输出的方式。

首先，我们来看一下预设的人体姿态图，如图 5-1 所示，这里已经事先处理好所有不同姿态，包含正面、左侧、右侧等。

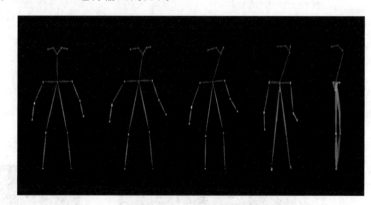

图 5-1 人体姿态

下面介绍具体的操作步骤。

步骤 ① 在 txt2img 里输入提示词：(character sheet of the same exact woman with auburn hair wearing a yellow leather jumpsuit:1.5), reference sheet,(((simple studio background))），HDR photograph by ((Ilya Kuvshinov))，by Ed Blinkey, Atey Ghailan, Studio Ghibli, by Jeremy Mann, Greg Manchess, Antonio Moro, trending on ArtStation, style of CGSociety, Intricate, high detail, sharp focus, dramatic, photorealistic painting art by Midjourney and Greg Rutkowski（（具有同样外貌特征的金发女子，身穿黄色皮制连体裤：1.5），参考资料表，（（（简单工作室背景）））, HDR 照片由 (Ilya Kuvshinov) 拍摄，由 Ed Blinkey、Atey Ghailan、Studio Ghibli 制作，由 Jeremy Mann、Greg Manchess、Antonio Moro 制作，正在 ArtStation 上流行，风格为 CGSociety，精细，高细节，锐利焦点，戏剧性，逼真的照片艺术，由 Midjourney 和 Greg Rutkowski 制作）。

步骤02 分辨率设置为 1024×512，Sampling steps 设置为 50，Sampling method 选择 DPM++ 2M Karras，如图 5-2 所示。

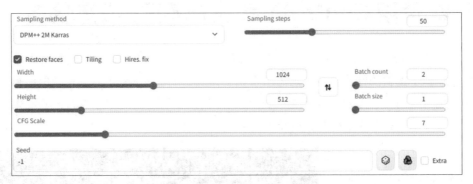

图 5-2 设置参数

步骤03 找到 ControlNet 的配置部分，将参考图像拖入 Image Canvas 中，如图 5-3 所示。

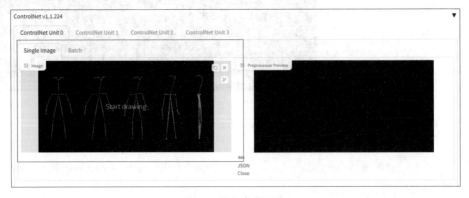

图 5-3 拖入参考图像

步骤 04 Preprocessor 选择 none，指定模型为 OpenPose，并且勾选 Enable 复选框，如图 5-4 所示。

步骤 05 单击 Generate 按钮开始生成图像，片刻之后就会得到如图 5-5 所示的同一角色不同角度的图像。

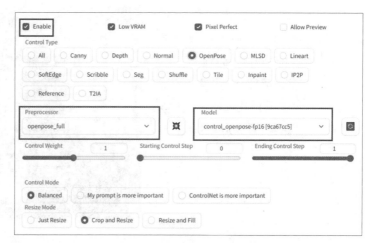

图 5-4 ControlNet 参数设置

图 5-5 生成的图像

5.3 ControlNet 和 Latent Couple 结合使用

通过 ControlNet 对空间的格局进行设计是目前比较新颖和热门的方向，同时借助 Latent Couple 工具，可以实现在场景中添加物品（比如植物盆栽）。本节以一幅室内设计图为例，来演示 ControlNet 和 Latent Couple 的结合应用——使用ControlNet 设计室内风格，使用 Latent Couple 在室内设计图中添加物品。

首先找到一幅室内设计参考图，如图 5-6 所示，总体来说这是一幅比较温馨的客厅参考图。

如果打算保留目前室内设计的所有元素，比如家具的摆设位置、大体形状等，就需要使用 ControlNet。

图 5-6 室内设计参考图

1 使用 ControlNet 设计室内风格

我们在 ControlNet 中选择 Canny 模型，并调整提示词如下：

Interior design of a living room,Nordic style, white and blue（北欧风格的客厅，蓝白色调）。

ControlNet 的相关参数设置如图 5-7 所示。

图 5-7 ControlNet 的相关参数设置

最终生成的效果图如图 5-8 所示。

下面列举常见的室内设计风格，以及不同风格下的设计呈现出的特点。

1）Scandinavian（北欧风格）

北欧风格强调简约、功能性和自然材料，注重创造明亮通透的空间。它通常包括明亮的颜色、简洁的线条，以及注重舒适性和实用性的家具。

生成北欧风格的客厅设计图像的提示词如下：

图 5-8 生成的效果图

Interior design of a living room,Nordic style,raw photo,wood flooring,decorated with natural plants,paintings frames on the wall, table with rock style benchtop, realistic, realistic lighting, cinematic, 8K, cinematic lighting, depth of field, masterpiece, perfect, award-winning, hyper-detailed, photorealistic, ultra realistic, realistic light, hard lighting, intricate details（客厅的室内设计，北欧风格，原始照片，木地板，用天然植物装饰，墙上的画框，桌子与岩石风格的台面，逼真，逼真的照明，电影，8K，电影照明，景深，杰作，完美，屡获殊荣，超详细，真实感，超现实，逼真的光线，强光照明，复杂的细节）。

效果如图 5-9 所示。

图 5-9 Scandinavian（北欧风格）

2）Minimalist（极简主义风格）

极简主义设计旨在采用极简的色彩搭配和简单的家具来创造干净、无杂乱的空间，注重几何形状和清晰的线条。

将北欧风格的提示词中的Nordic style 更改为 Minimalist，生成的图像效果如图 5-10 所示。

图 5-10 Minimalist（极简主义风格）

3）Industrial（工业风格）

工业风格是受到旧工厂和仓库的启发，采用原始的未经装饰的元素（如裸露的砖墙、金属装饰和磨损的家具）而形成的一种设计风格。它通常具有粗犷的外观并呈现出坚固耐用的感觉。将北欧风格的提示词中的Nordic style 更改为 Industrial，生成的图像效果如图 5-11 所示。

图 5-11 Industrial（工业风格）

4）Traditional（传统风格）

传统设计以经典和永恒的元素为特点，如优雅的家具、丰富的色彩、华丽的细节和对称的布局，注重舒适和传统的氛围。将北欧风格的提示词中的 Nordic style 更改为 Traditional，生成的图像效果如图 5-12 所示。

图 5-12 Traditional（传统风格）

5）Modern（现代风格）

现代风格展现出简洁的线条和极简的装饰与功能的融合。它通常包括开放的平面布局、大窗户和中性色调的调色板。将北欧风格的提示词中的 Nordic style 更改为 Modern，生成的图像效果如图 5-13 所示。

图 5-13 Modern（现代风格）

6）Mid-Century Modern（现代中世纪风格）

这种风格起源于 20 世纪中叶，以简洁的线条、有机的形状和传统与现代材料的混合为特点，它通常包括当时标志性的家具作品。将北欧风格的提示词中的 Nordic style 更改为 Mid-Century Modern，生成的图像效果如图 5-14 所示。

图 5-14 Mid-Century Modern（现代中世纪风格）

7）Bohemian（波西米亚风格）

波西米亚风格融合了自由不羁和热情奔放的特点，结合了来自世界各地的鲜艳色彩、图案和质感。它通常包括层层叠加的纺织品、植物以及混合了复古与手工制品的物品。将北欧风格的提示词中的 Nordic style 更改为 Bohemian，生成的图像效果如图 5-15 所示。

图 5-15 Bohemian（波西米亚风格）

8）Coastal（海岸风格）

海岸或海洋风格从海滩和海边生活中获得灵感，采用明亮而轻松的颜色、自然材料和航海元素，如条纹、绳索和海贝壳等。将北欧风格的提示词中的 Nordic style 更改为 Coastal，生成的图像效果如图 5-16 所示。

图 5-16 Coastal（海岸风格）

9）Art Deco（装饰艺术风格）

装饰艺术风格起源于 20 世纪 20 年代，以大胆的几何图案、豪华材料和富有魅力的细节为特点。它通常包括镜面表面、金属装饰和高光面处理。将北欧风格的提示词中的 Nordic style 更改为 Art Deco，生成的图像效果如图 5-17 所示。

图 5-17 Art Deco（装饰艺术风格）

10）Rustic（乡村风格）

乡村风格以温暖和舒适为特点，采用自然和粗犷的元素，通常包括木材、石材、裸露的横梁和复古或手工制作的家具。将北欧风格的提示词中的 Nordic style 更改为 Rustic，生成的图像效果如图 5-18 所示。

图 5-18 Rustic（乡村风格）

2 使用 Latent Couple 添加物品

勾选 Latent Couple 工具，在 mask 选项卡里创建一个和原图尺寸相同的画布（768×512 分辨率）。我们打算在图像左侧加入一个盆栽植物，首先通过画笔工具在画布左侧画出一个盆栽的轮廓，然后在 Prompt for this mask 里输入 Plant，如图 5-19 所示。

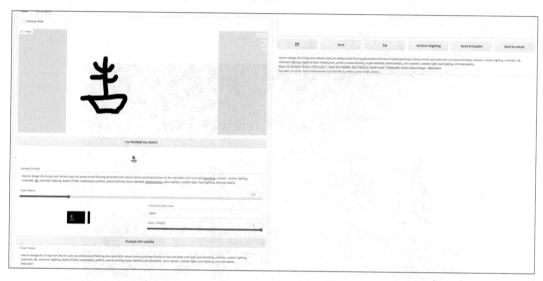

图 5-19 加入一个盆栽植物

其他参数设置如图 5-20 所示。

图 5-20 参数设置

单击 Prompt info Update 按钮，这时候我们会发现文字生图的 Prompt 里多了一行，即：
Interior design of a living room,Nordic style,raw photo,wood flooring,decorated with natural

plants,paintings frames on the wall,table with rock style benchtop ,realistic, realistic lighting, cinematic, 8K, cinematic lighting, depth of field, masterpiece, perfect, award-winning, hyper-detailed, photorealistic, ultra realistic, realistic light, hard lighting, intricate details, AND plant （客厅的室内设计，北欧风格，原始照片，木质地板，用自然植物装饰，墙上有画框，桌子上有岩石风格的凳子，现实的，现实的照明，电影般的，8K，电影般的照明，景深，杰作，完美，获奖，超细节，逼真，超现实，现实的光线，硬照明，复杂的细节，以及植物）。绘制植物的提示词已经添加进 Prompt，这时再次单击 Generate 按钮生成图像，效果如图 5-21 所示。

图 5-21 加植物后的图像效果

类似地，如果需要在场景里添加一个窗帘，那么首先使用 Latent Couple 在场景里添加一块着色区域，并在 Prompt for this mask 里输入 "heavy silky curtain"，然后单击 Prompt info Update 按钮，将新添加的提示词更新进全局 Prompt 中，最后单击 Generate 按钮生成图像。

5.4 ControlNet 生成线稿图

很多情况下我们希望能对图像重新绘制颜色，或者想将现实中的图像变成线稿图以便上色（类似涂色书）。有读者可能会问，这些可以在 Stable Diffusion 里实现吗？答案是肯定的，使用 Img2img 和 ControlNet，我们可以轻松实现将图像转化成线稿图 Line art 的样式。

我们首先来看一下效果，如图 5-22 所示，左边为原图，右边为生成的线稿图。

图 5-22 原图与线稿图

这个效果怎么实现呢，我们分为以下 3 步。

步骤 01 首先准备一张和输出尺寸一致的纯白图像作为我们的"画板"（可以通过 Photoshop 软件或其他方式准备），这里我们准备了一幅 403×716 分辨率的图像，将它拖放到 img2img 的画布区域，如图 5-23 所示。

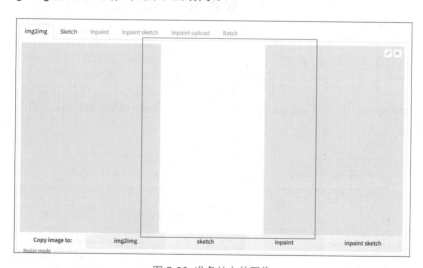

图 5-23 准备纯白的图像

同时，增大 Denoising Strength 的大小，这里设置为 0.95，使得生成的图像更倾向于 Prompt 的指导，如图 5-24 所示。如果 Denoising Strength 设置得太小，会造成最终输出的线稿图像由于笔触太轻而不清晰。

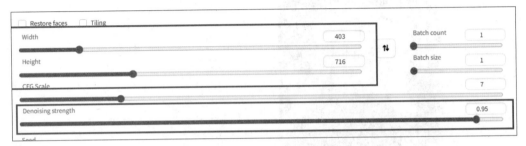

图 5-24 设置输出图像的大小

步骤 02 打开 ControlNet，将需要转换成线稿图的图像拖放到 ControlNet 的画布区域，并且勾选 Enable 复选框使其生效，如图 5-25 所示。

图 5-25 拖入图像

Preprocessor 选择 Canny，Model 选择 controlnetPreTrained_cannyv10，如图 5-26 所示。

图 5-26 选择模型

步骤03 最后是设置 img2img 的 Prompt 部分，这时我们需要输入提示词 a line drawing lineart linework（线性描边线稿），如图 5-27 所示。

图 5-27 输入提示词

输入完毕后单击 Generate 按钮，便产生了如图 5-21 所示的线稿图。

相对应的，如果我们想给线稿图上色，那么同样可以使用 img2img 和 ControlNet，将提示词更改为 1girl,red hair,blue eyes,green dress,digital art,HDR photograph（1 个女孩，红头发，蓝眼睛，绿色连衣裙，数字艺术，HDR 照片），ControlNet 的 Preprocessor 选择 canny，Model 选择 controlnetPreTrained_cannyv10，结果如图 5-28 所示。

图 5-28 给线稿图上色的示意图

▨ 5.5 使用 LoRA 进行高阶参数微调生成精细图像

LoRA 的全称为 Low-Rank Adaptation，是一种低秩自适应方法，由微软最先提出，它冻结了预训练的模型权重，通过将秩分解矩阵注入 Transformer 架构中的每层 Block 中来减少下游的可训练参数的数量，以及减少对 GPU 显存的依赖。最初 LoRA 用在大型的语言模型（比如 GPT-3）上，用来解决大型语言模型精调（fine-tune）的难题。现在，LoRA 除了用于大型语言模型外，也被引入 Stable Diffusion 模型的精调中，简单来说，LoRA 模型可以用来训练特定的人物角色或者风格。这些 LoRA 模型可以导出并使用在其他的 Stable Diffusion 的基础模型中。

通常，Stable Diffusion 的基础模型尺寸较大（一般为几吉字节），但通过 LoRA 进行模型的精细调整，可以将模型尺寸控制在可接受范围内。LoRA 是建立在基础 checkpoint 模型之上的小型 Stable Diffusion 模型，其大小通常为 2MB~500MB，远小于 Stable Diffusion 的基础模型。通过使用 LoRA 模型，不仅可以减小模型的体积，还可以提高模型的运行效率，并且对于特定的任务具有相当优秀的表现能力。

参考图 5-29，LoRA 可以应用在将图像表示与描述它们的提示相关联的交叉注意（Cross Attention）层。

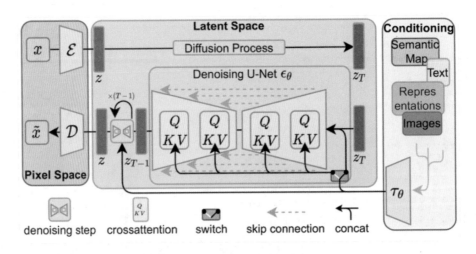

图 5-29 LoRA 应用在交叉注意层

根据作用的对象，LoRA 大致可以分为人物角色 LoRA 和风格化 LoRA。

1 人物角色 LoRA

人物角色 LoRA 能够快速生成逼真的角色形象，而且生成的图像具备一致性，而无须使用大量提示词来保证画面输出的一致性。人物角色 LoRA 在 AI 插图、角色概念艺术和参考表方面具有巨大潜力。通过训练模型，角色 LoRA 可以为角色提供不同的服装、发型和面部表情。

更令人兴奋的是，一些角色 LoRA 技术甚至可以让我们将所选角色换上全新的服装进入全新的场景中，使他们的魅力更上一层楼。例如，我们可以让超级马里奥换上时髦的盗贼装扮，在现代城市背景下展现出别样的魅力。人物角色 LoRA 涵盖了各种受欢迎的角色，包括众多漫画英雄。

人物角色 LoRA 的应用领域十分广泛，适用于设计师、艺术家和创作者。游戏开发者可以使用它来快速生成各种角色形象，节省时间和资源。角色设计师可以通过它来找寻灵感，探索不同的风格和设计方向。创作者可以使用它来绘制插图、动画，进行艺术创作。无论业余爱好者还是专业创作者，人物角色 LoRA 都提供了全新的创作和表达可能性。借助这一强大工具，我们可以创造出独一无二的角色形象，使他们在虚拟世界中焕发光彩。

LoRA 的使用比较简单，将下载的 LoRA 模型放入 Stable Diffusion 的 LoRA 模型路径下，该路径一般为 stable-diffusion-webui\models\Lora，如图 5-30 所示。

名称	修改日期	类型
3dphoto	2023/4/7 17:29	文件夹
Codeformer	2023/3/4 23:29	文件夹
ControlNet	2023/6/25 21:01	文件夹
deepbooru	2023/3/4 15:32	文件夹
Deforum	2023/3/27 19:08	文件夹
ESRGAN	2023/3/4 15:59	文件夹
GFPGAN	2023/3/4 15:59	文件夹
hed	2023/3/21 22:25	文件夹
hypernetworks	2023/3/4 15:59	文件夹
LDSR	2023/3/4 15:59	文件夹
leres	2023/4/7 17:15	文件夹
Lora	2023/6/24 15:42	文件夹
midas	2023/3/29 22:42	文件夹
openpose	2023/3/5 0:39	文件夹
pix2pix	2023/4/7 17:19	文件夹
Stable-diffusion	2023/5/7 20:32	文件夹
SwinIR	2023/3/4 15:59	文件夹
torch_deepdanbooru	2023/3/5 11:41	文件夹
VAE	2023/3/4 15:32	文件夹
VAE-approx	2023/3/4 15:32	文件夹

图 5-30 将下载的 LoRA 模型放到指定路径下

在 img2img 或者 txt2img 功能模块下，单击 Generate 按钮下方的 LoRA 图标（show extra networks），如图 5-31 所示。

图 5-31 单击 Generate 按钮下方的 LoRA 图标

在弹出的界面中打开 Lora 选项卡，单击 Refresh 按钮刷新一下，便可以看到我们刚才放置的 LoRA 模型，如图 5-32 所示。

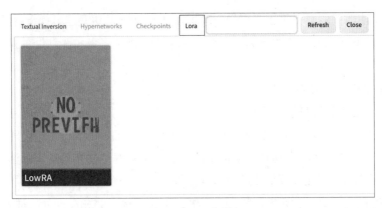

图 5-32 Lora 选项卡

选择需要使用的 LoRA 模型，单击模型卡片，发现 Prompt 部分添加了提示词 <lora:LowRA:1>，如图 5-33 所示。尖括号里的内容代表 LoRA 的引用，"lora:"声明我们使用的 LoRA 模型，冒号后的内容指明 LoRA 模型的名称，接下来的":1"代表权重，默认是 1。我们可以按照自己的喜好调整权重值，一般而言如果我们希望 LoRA 的效果更弱些，那么就将权重设置得稍微小些，反之亦然。

图 5-33 调整模型 Prompt

下面我们来看一个未使用人物角色 LoRA 和使用人物角色 LoRA 的效果对比示例。

checkpoint 模型选择 v1-5-pruned-emaonly.safetensors，LoRA 模型选择 Sailor Moon. safetensors。提示词为：masterpiece, best quality, (1girl), supersailormoon, detailed face, happy（杰作，最好的质量，(1 个女生)，详细的脸部，快乐）。

对比效果如图 5-34 所示。左图未使用 LoRA 模型，右图使用了 LoRA 模型，明显能够看出使用 LoRA 模型后，人物更生动和具体。

图 5-34 未使用 LoRA（左）模型和使用 LoRA（右）模型生成的图像对比

2 风格化 LoRA

风格化 LoRA 和人物角色 LoRA 的功能类似，只是训练的对象不是具体的人物角色而是某种特定的风格，通常是基于特定的艺术家的作品进行训练并结合不同的作品提炼出特定方向的风格，这种风格包含了独特外观、线框化、水粉以及素描等。

通过风格化 LoRA 模型的使用，我们可以快速地将现有的作品图像进行风格化处理，比如说将写实的照片级别的图像进行漫画风格处理，或者将图像加入某些电影风格，使得个人作品也有和大师比肩的可能性。通过与风格 LoRA 的互动，我们可以拓展自己的创作技巧，尝试不同的风格表达，甚至创造出独一无二的混合风格，让我们的艺术作品更富个性，更具吸引力。

下面来看一个未使用风格化 LoRA 和使用风格化 LoRA 的效果对比示例。

checkpoint 模型选择 v1-5-pruned-emaonly.safetensors，LoRA 模型选择 npzw-05.safetensors (Old Newspaper Style 旧报纸风格)，提示词为 (masterpiece), (best quality), (detailed), (highres), (text:1.1), monochrome, sepia, upper body, woman, bob cut, smile（（杰作）、（最佳质量）、（详细）、（高分辨率）、（文本 .1.1)、单色、棕褐色、上半身、女士、波波头、微笑）。

对比效果如图 5-35 所示。左图未使用 LoRA 模型，右图使用了 LoRA 模型，明显能够看出使用 LoRA 模型后，图像风格发生了变化。

图 5-35 未使用 LoRA（左）模型和使用 LoRA（右）模型生成的图像对比

5.6 ControlNet 对光线的控制

光线控制在我们使用 3D 建模或其他渲染工具中经常用到，Stable Diffusion 作为一款通过文字描述来生成图像（或者图生图）的工具并未原生支持对光线的控制。本节介绍如何通过 ControlNet 以及光线预设的方式来实现对光线的精细控制。

步骤01 首先我们使用提示词来生成一幅人物图像。

正向提示词：1girl with auburn hair wearing a white leather jumpsuit:1.5, (((simple studio background))), reference sheet, HDR photograph by ((Ilya Kuvshinov)), by Ed Blinkey, Atey Ghailan, Studio Ghibli, by Jeremy Mann, Greg Manchess, Antonio Moro, trending on ArtStation, style of CGSociety, intricate, high detail, sharp focus, dramatic, photorealistic painting art by Midjourney and Greg Rutkowski（1 个赤褐色头发穿着白色衬衣的女孩：1.5, (((简单工作室背景)))，参考表单，HDR 照片由 (Ilya Kuvshinov) 拍摄，

由 Ed Blinkey、Atey Ghailan、Studio Ghibli 制 作， 由 Jeremy Mann、Greg Manchess、Antonio Moro 制作，正在 ArtStation 上流行，风格为 CGSociety，复杂，高细节，焦点清晰，戏剧性，真实感绘画艺术，由 Midjourney 和 Greg Rutkowski 创作）。

生成的人物图像如图 5-36 所示。

图 5-36 生成的人物图像

步骤 02 单击 send to img2img，将生成的图像发送到 img2img 中。

步骤 03 将 图 像 拖 放 到 ControlNet 的 image canvas 中，Preprocessor 选 择 depth_leres，model 选择 depth 模型，其余参数保持默认，如图 5-37 所示。

步骤 04 将预设的光线图像拖放到指定区域，可以根据需要裁剪光线区域，在正向提示词部分输入提示词。

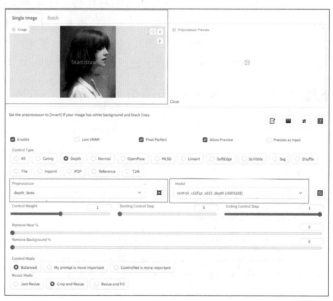

图 5-37 ControlNet 参数设置

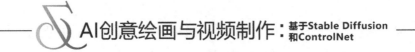
正向提示词：

woman portrait with auburn hair wearing a white leather jumpsuit:1.5, (((simple studio background))), digital art,glow effect, HDR photograph by ((Ilya Kuvshinov)), by Ed Blinkey, Atey Ghailan, Studio Ghibli, by Jeremy Mann, Greg Manchess, Antonio Moro, trending on ArtStation, style of CGSociety, Intricate, high detail, sharp focus, dramatic, photorealistic painting art by Midjourney and Greg Rutkowski（穿着白色皮革连身裤的赤褐色头发的女人肖像：1.5, (((简单工作室背景)))，数字艺术，发光效果，HDR 摄影 ((Ilya Kuvshinov))，由 Ed Blinkey、Atey Ghailan、吉卜力工作室制作，由 Jeremy Mann、Greg Manchess、Antonio Moro 制作，ArtStation 趋势，CGSociety 风格，复杂，高细节，锐利焦点，戏剧性，Midjourney 和 Greg Rutkowski 写实主义绘画艺术）。

反向提示词：

deformed eyes, ((disfigured)), ((bad art)), ((deformed)), ((extra limbs)), (((duplicate))), ((morbid)), ((mutilated)), out of frame, extra fingers, mutated hands, poorly drawn eyes, ((poorly drawn hands)), ((poorly drawn face)), (((mutation))), ((ugly)), blurry, ((bad anatomy)), (((bad proportions))), cloned face, body out of frame, out of frame,gross proportions, (malformed limbs), ((missing arms)), ((missing legs)), (((extra arms))), (((extra legs))), (fused fingers), (too many fingers), (((long neck))), tiling, poorly drawn, mutated, cross-eye, canvas frame, frame, cartoon, 3d, weird colors, blurry, writing on shirt, pony tail, bow in hair, hair tied up, writing on shirt, bag, hand bag, pocket-book, luggage, carrying bag,flame（变形的眼睛，((畸形的))，((糟糕的艺术))，((变形的))，((多余的肢体))，(((复制的)))，((病态的))，((残缺不全的))，画面外，额外的手指，变异的手，眼睛画得不好看，((手部画得不好看))，((脸画得不好看))，((突变))，((丑陋))，模糊不清，((糟糕的解剖结构))，(((不协调的比例)))，克隆的脸，身体画面外，画面外，巨大的比例，(畸形的肢体)，((缺少手臂))，((缺少腿部))，(((多余的手臂)))，(((多余的腿部)))，(融合的手指)，(太多的手指)，(((长颈子)))，平铺的画面，画得不好看，变异的，斜视的眼睛，卡通画框，3D，奇怪的颜色，模糊不清，衬衫上的字迹，马尾辫，头发绑成蝴蝶结，头发扎起来，衬衫上的字迹，包包，手提包，口袋书包，行李箱，背包，火焰）。

步骤05 将 Denoising strength 设置为 0.7，如图 5-38 所示。

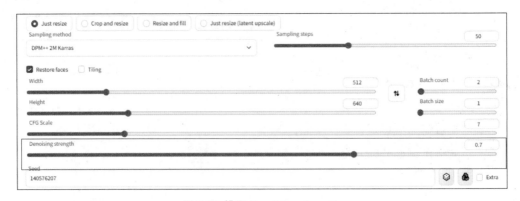

图 5-38 设置 Denoising strength

加入光照后的图像效果如图 5-39 所示。

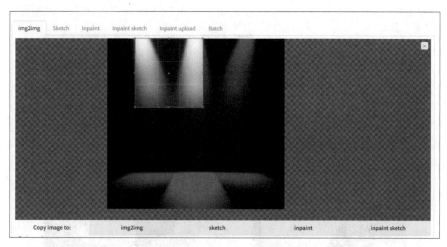

图 5-39 加入光照后的图像效果

步骤 06 单击 Generate 按钮，我们得到了一幅光线照在人物上半身的图像，如图 5-40 所示。如果这时调整光线预设图像的位置，可以发现其实 Stable Diffusion 是了解我们的意图，光线按照预设图像的位置对主体人物产生了影响。

图 5-40 生成的线照在人物上半身的图像

我们发现稳定扩散技术不仅可以通过调整光线来影响主体人物的外观，还能够创造出独特的光影效果。通过微调预设图像的位置和光线强度，我们可以将人物的形象塑造得更加生动、立体。

以一个实例来说明，假设我们将预设图像中的光源位置稍微向左移动，这个微小的调整将使主体人物的右侧投射出更多的阴影，从而突出了人物的轮廓和立体感，如图 5-41 所示。

图 5-41 光线图像和稳定扩散技术结合，可生成令人惊叹的图像效果

稳定扩散技术的独特之处在于，它能够根据预设图像的位置来自动调整光线的传播路径，以达到最佳的光影效果。通过将预设光线图像和稳定扩散技术相结合，我们可以探索出更多令人惊叹的光影视觉效果。结合生成关键帧图像生成动画，还可以反映光源移动造成的发射和阴影变化，并带来独特的感官体验。

5.7 Depth Library 修复手部

在生成人物图像的时候，经常会发现生成的手很不自然，这个也是目前 Stable Diffusion 经常会遇到的问题。本节介绍的插件 Depth Library 可以用来修复各种手部问题。

首先安装 Depth Library，这一步比较简单，切换到 Extensions 选项卡，在 Install from URL 中输入 Depth Library 的 Git 地址 https://github.com/jexom/sd-WebUI-depth-lib.git。待安装完毕后重启 Web UI，便可以看到新安装的插件了。

可以看到 Depth Library 里面内置了大量的手势动作，如图 5-42 所示。Depth Library 的基本原理是通过手势动作在原图位置形成遮罩，然后通过 Inpaint 局部重绘的方式替代原有的异常的手部图像。

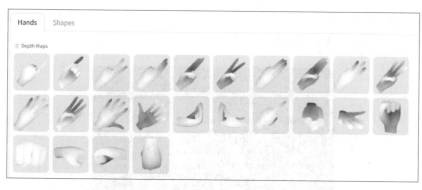

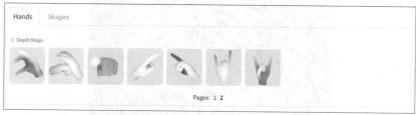

图 5-42 Depth Library 里面内置的大量手势动作

下面具体说明 Depth Library 的操作步骤。

步骤01 通过 Add background Image 来导入一幅参考图，并且在 Hands 选项卡里找到一幅匹配的手部图遮罩，如图 5-43 所示。

图 5-43 导入参考图并找到手部图遮罩

步骤 02 单击 Add 按钮，使得手掌图像出现在右边的参考图中，通过旋转缩放操作使得手部的位置和原图贴合。调整完成后的图如图 5-44 所示。

图 5-44 加入手部图像

步骤 03 单击 send to controlnet，将调整后的图像发送到 ControlNet。切换到 img2img 选项卡中，选择 Inpaint，并且涂抹手部区域，如图 5-45 所示。

图 5-45 涂抹手部区域

步骤 04 将刚才在 Depth Library 里创建的手部的深度图导入进来，Preprocessor 选择 none，Model 选择 depth，如图 5-46 所示。

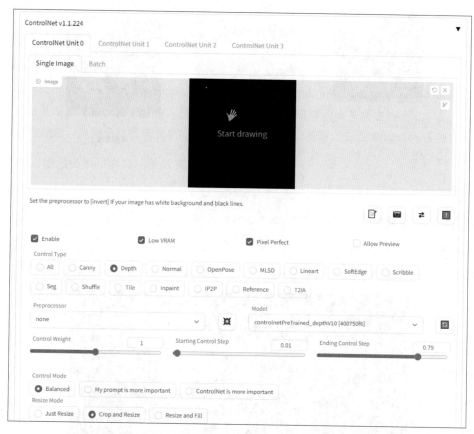

图 5-46 导入手部深度图

步骤 05 在 img2img 界面输入相关提示词。

正向提示词：

art by Claude Monet, {cute white girl with red hair standing on the roadside},4K, detailed, fantasy vivid colors, sun light,hands up（由克洛德莫奈创作的艺术作品,{1个可爱红头发白人女孩站在路边 },4K，细节丰富，幻想般的鲜艳色彩，阳光，双手高举）。

反向提示词：

(underage:1.5),hat,windy,[the:(ear:1.9):0.5]（（未成年：1.5)，帽子,刮风的天气,[耳朵: (1.9):0.5]）。

相关参数设置如图 5-47 所示。

图 5-47　相关参数设置

步骤 06　单击 Generate 按钮生成图片，效果如图 5-48 所示。

图 5-48　手部修复最终效果图

5.8 总结

截至目前，我们学习并掌握了如何使用 openpose 对人物姿态进行调整，如何通过 Canny 等模型对室内场景进行装修风格的迁移；探索了使用 ControlNet 生成线稿图的方法，并展示了如何对其进行反向操作，赋予线稿图不同的着色风格，创造出多样化的图像效果等。同时，针对以往设计和数字绘制过程中经常遇到的如光线控制和手部绘制等问题，给予有针对性的解决方案。这些问题在过去可能具有挑战性，但现在通过 ControlNet 这一技术的引入就可以有效解决。

5.9 练习

（1）尝试通过 ControlNet 对手部进行重绘调整，并体验不同参数（Starting Control Step、Ending Control Step 等）对绘制的影响。

（2）尝试使用 LoRA 模型，并比较 LoRA 模型引入后对图片风格和质量的影响。

Prompt
提示词设计

AI 创意绘画与视频制作
基于 Stable Diffusion
和 ControlNet

Prompt 是 Stable Diffusion 生成图像技术的核心，通过 CLIP 模型将提示词自然语言转换成 Stable Diffusion 模型可以识别的数值型的 token，从而进一步引导生成图像的操作。Prompt 生成图像大体上要遵循一定的规范或模式，一般来说需要清晰准确地将要生成的图像通过名词、形容词等组合表达出来，同时通过调整 Prompt 权重或关键词顺序来对生成图像的结构进行有针对性的表达。

本章首先介绍什么是 Prompt 和 Prompt 的基本构成，然后介绍经常使用的正向提示词和反向提示词以及它们的区别，接下来通过实际的例子和大量翔实的提示词显示不同组合下的人物服饰效果图对比，以及不同材质、颜色、用途、功能下的盔甲提示词的效果图对比，再介绍几种常见的动物（比如老虎、鸟类等）如何通过提示词生成相关写实图像，最后介绍不同参数（比如 CFG、Steps 等）对图像质量和效果的影响。

6.1 什么是 Prompt

Prompt 是指在自然语言生成领域中作为输入的一段文本或者指令（中文称为提示词），用来提示机器生成对应的文本或者回答。在 GPT（生成式预训练 Transformer 模型）系列中，Prompt 可以是一个单词、一个短语、一条句子或者多个段落组成的文本。将 Prompt 输入模型后，模型会根据其理解和训练，生成对应的文本回答。

在 Stable Diffusion 中，Prompt 是指输入的一段文本，用来控制模型生成特定风格、主题、情感，以及根据所需要的信息生成指定的输出。相比于传统的生成模型，Stable Diffusion

中的 Prompt 更加灵活，因为它可以控制生成文本的具体风格和内容，从而实现更加精准的生成。例如，当我们需要生成一个 Cottagecore（田园风格）的描述文本时，可以将关键词 Cottagecore 输入 Prompt 中，以此来控制生成文本的风格和内容。此外，我们还可以使用多个 Prompt 来实现更加复杂的生成，例如，输入 Cottagecore 和 Sunset 两个关键词，生成一段描写乡村夕阳美景的文本。

　　总之，Prompt 是自然语言生成中非常重要的一部分，在 Stable Diffusion 中更是发挥着极其重要的作用，它可以帮助我们控制生成文本的内容和风格，实现更加精准的自然语言生成。

　　在系统介绍 Prompt 的结构和相关功能之前，先来看一个简单的例子。

　　（1）打开 Stable Diffusion Web UI，在 Prompt 文本框中输入"a dog"，设置 seed 为 -1，batch count 为 6，即一次性随机生成 6 幅图像，其余参数保持默认（Sampler = Euler_a，CFG = 7，Sampling Steps = 20）。

　　生成的图像如图 6-1 所示。

图 6-1　根据 Prompt 生成的图像

　　由图中可以看到，生成的图像基本上符合认知，但是种类各异，图像的风格也多样（有写实类型和卡通风格）。

（2）对图像添加限定词以满足我们的要求，修改 Prompt 为 a cute dog with blue and with dot（一条带有蓝色和白色斑点的可爱的狗狗）。

单击 Generate 按钮，生成的图像如图 6-2 所示。

图 6-2 更改 Prompt 后生成的新图像

在新生成的图像中，有几幅图像错误地将斑点设置成了图像背景，有几幅图像正确地将斑点绘制到狗的身上。另外，由于加上了"cute"描述词，因此生成的狗狗都比较可爱，基本符合我们对可爱宠物的定义（相对于图 6-1）。

在使用 Stable Diffusion 生成图像时，包括环境场景在内的详细描述都非常重要。一些词语和短语可能会对图像产生十分强烈的偏向，因此可能需要相应地调整提示词顺序，以达到所需的结果。需要注意的是，Stable Diffusion 是一种随机过程，即使使用相同的提示词，每次生成的图像也可能不同。因此，建议尝试不同的提示词并进行相应调整，直到获得所需的输出。不要害怕尝试新的词语和短语，注意观察它们是如何影响生成的图像的。

为了更好地控制 Prompt 以使图像按照我们的想法来生成，需要熟练掌握 Prompt 的相关知识，下面详细介绍 Prompt 的结构和影响因素。

6.2 Prompt 的基本构成

Prompt 通常由 3~7 个词组成，由名词、动词和形容词对目标物体及场景进行尽可能细致的描述。当我们提供了对艺术风格、电脑绘画或渲染方式，以及分辨率的描述时，Stable Diffusion 从描述提示词中提取对应的 token，进而带入模型中，进行图像的绘制。

总体来说，Prompt 需要解释以下 3 个问题：

（1）看到了什么？

（2）处在什么样的环境里？

（3）看起来如何？

这也是引入 Prompt 的 3 个要素：主语，即我们需要让 Stable Diffusion 画什么物体或人物；环境，即主题处于什么样的环境中；修饰语，即主题看上去怎么样，需要引入哪种风格和媒体类型等。通常情况下，主语和修饰语对生成图片的内容和方向有着重要的作用，因此这里着重介绍主语和修饰语的使用。

6.2.1 主语

在 Stable Diffusion 的 Prompt 中，主语起到指导生成图像的关键作用。它提供了模型需要理解和关注的主要对象或主题。

提示词主语帮助模型聚焦在特定的场景、物体或角色上，使其能够更好地理解用户期望生成的图像内容。通过明确指定主语，可以准确传达图像的核心要素，包括目标、位置、状态等。这有助于模型精细化地判断和生成与主语相关的细节，以满足用户的期望。

例如，如果主语是"一只灰色的猫"，模型将尝试生成一幅图像，其中主要元素是一只灰色的猫，以适应提示的要求。相比之下，如果主语是"一座山脉的风景"，则模型会专注于生成展现山脉风景的画面。

因此，提示词的主语在 Stable Diffusion 中是指导模型生成图像的重要组成部分，它决定了生成图像的核心内容和焦点，并对最终结果产生关键影响。

1 顺序

一般来说，Prompt 遵循这样的结构：

(Subject), (Action, Context, Environment), (Artist), (Media Type/Filter).

（主题），（行动、背景、环境），（艺术家），（媒体类型/过滤器）。

在不限定权重的情况下，位于前面的提示词的权重要比后面的要大。这里来看一个例子。

Prompt：a bulldog wearing a tuxedo sitting on the chair on the Moon（一只坐在月球上的凳子上的戴着领结的斗牛犬）。

对应的效果如图6-3所示。

图6-3 效果图（1）

调整提示词顺序，将上述Prompt修改为：a bulldog wearing a tuxedo sitting on the chair, the chair is on the Moon（一只带着领结的斗牛犬坐在椅子上，这个椅子位于月球上）。

对应的效果如图6-4所示。

图 6-4 效果图（2）

两种方式虽然表达的意思相同，但生成的图像内容大不相同。第一种方式产生了 12 个 token，而第二种方式产生了 16 个 token。相对而言，Moon 出现的位置在第一种方式中相对靠前，可以更好地表达椅子和月球之间的放置关系。

我们再来看一个例子，输入了一个比较长的 Prompt，描述一个梦境的场景：Colorful and vibrant watercolor painting of a serene landscape featuring a cascading waterfall and lush greenery, highly detailed, impressionist art, in the style of Claude Monet,1 deer running, tranquil, peaceful, nuanced, brushstrokes, art gallery, original art, natural, dreamy, blurred edges, wet-on-wet technique（丰富多彩、充满活力的水彩画，描绘了宁静的风景，其中有瀑布和郁郁葱葱的绿色植物，高度详细，印象派艺术，克劳德·莫奈的风格，一只鹿在奔跑，宁静，和平，细微差别，笔触，艺术画廊，原创艺术，自然，梦幻，边缘模糊，湿法水彩技术）。

单击 Generate 按钮生成图像，结果如图 6-5 所示，图中没有出现提示词中提到的动物。

图 6-5 效果图（3）

下面尝试调整鹿的顺序，将该部分提示词提前：Colorful and vibrant watercolor painting of a serene landscape featuring a cascading waterfall and lush greenery,1 deer running, highly detailed, impressionist art, in the style of Claude Monet, tranquil, peaceful, nuanced, brushstrokes, art gallery, original art, natural, dreamy, blurred edges, wet-on-wet technique （色彩丰富、充满活力的水彩画，以瀑布和郁郁葱葱的绿色植物为特色，1 只鹿在奔跑，高度细致，印象派艺术，克劳德·莫奈风格，宁静、平和、细致入微，笔触，美术馆，原创艺术，自然、梦幻、模糊的边缘，湿漉漉的水彩技法）。

再次单击 Generate 按钮生成图像，结果如图 6-6 所示，鹿出现在了画面中。由此可以看出，将提示词提前，可以增加其权重。

又例如如下提示词：1 girl,red and blue hair, ultra detailed face and eyes , album art（1个女孩，红色和蓝色头发，高清细节的面部和眼睛，唱片封面艺术）。

图6-6 效果图（4）

我们调整提示词的输入顺序，来看看不同顺序下的Stable Diffusion生成的图像，如图6-7所示。

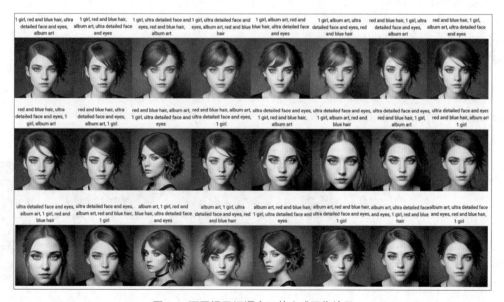

图6-7 不同提示词顺序下的生成图像效果

2 权重

在 Stable Diffusion 中我们可以使用圆括号或方括号对 token 的权重进行设定，默认情况下，一层圆括号会将指定 token 扩大为 1.1 倍，两层圆括号嵌套"(())"方式会将权重提高成 1.1×1.1 = 1.21 倍。类似地，使用一层方括号，会将权重降低为原来的 0.9 倍（除以 1.1）。

除了这种方式，我们还可以直接通过冒号指定对应的权重系数。例如，使用圆括号增加权重：

(keyword):.1.1

((keyword)):.1.21

(((keyword))):.1.33

使用方括号降低权重：

[keyword]: 0.9

[[keyword]]: 0.8.

[[[keyword]]]: 0.7.

下面我们通过一个例子来看一下权重的影响。继续使用红色和蓝色头发混合的女孩的 Prompt，并加上艺术风格，这里使用 album art（专辑封面）风格，通过给专辑封面风格赋予不同权重来查看效果。

 提示　封面艺术是一种以插图或照片形式出现在出版产品外部的艺术作品，如书籍（通常在封皮上）、音乐专辑（专辑艺术）、CD 等。

正向提示词：1 girl,red and blue hair, ultra detailed face and eyes , album art（1 个女孩，红蓝相间的头发，超详细的脸部和眼睛，专辑封面）。

不断修改 album art 的权重，结果如图 6-8 所示。

从图中可以明显看出，当权重增大时，人物更趋于中心并且背景变模糊，更加突出人物主体，凸显专辑艺术风格。

图 6-8 提示词不同权重生成的效果图

3 混合模式

在 Prompt 中，可以使用 AND 连接词将形容词进行连接，注意，AND 需要大写；或者通过"|"对色彩进行混合，例如 red|yellow hair。当没有特别指定比例时，默认是以相同比例混合，例如，1 girl,red|yellow hair,long hair, upper body（1 个女孩，红黄相间的头发，长发，上半身），结果如图 6-9 所示。

图 6-9 Prompt 色彩混合模式效果（1）

进行色彩混合时，也可以指定混合比例，例如，1 girl,[blue|red:0.3] long hair, upper body,close-up，即混合蓝色和 30% 红色进行绘制的，结果如图 6-10 所示。

图 6-10 Prompt 色彩混合模式效果（2）

上述提示词在不同艺术风格和不同采样器下的效果如图 6-11 所示。

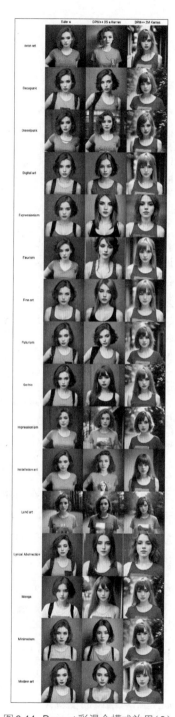

图 6-11 Prompt 彩混合模式效果（3）

103

6.2.2 修饰语

在 Stable Diffusion 中，用户可以通过输入一些词语来描述自己想要的画风、要素等信息，这些词语就是提示词修饰语。通过在 Prompt 中使用适当的修饰语，用户可以更精确地控制和引导模型生成出符合其预期的图像。

按照描述对象的不同，修饰语可以分为摄影类、艺术媒介类、艺术家类、艺术风格类、插画类、美学类、艺术灵感类 7 类。

1 摄影类

摄影是 Stable Diffusion 中常见的艺术表现形式，通过捕捉光线来创造独特的图像。在摄影过程中，摄影师需要掌握各种技术和工具，以便捕捉独特的场景和情感。摄影类修饰语包括摄像机镜头、灯光、渲染类型、色调、拍摄类型、拍摄视角、拍摄设备、细节程度这几个方面。

摄像机镜头（Camera Lens）是摄影中的一个重要组成部分，它会影响到摄影师能够拍摄到的场景的范围和清晰度。不同类型的摄像机镜头可以用于不同的摄影场景，例如，广角镜头可用于拍摄大面积的场景，长焦镜头可用于捕捉远距离的细节。

灯光（Lighting）也是摄影中的一个重要因素。在不同的光照条件下，图像的外观和表达的情感会有很大的差异。摄影师需要了解不同的照明技术，如环形灯、柔光灯和聚光灯等。同时，了解如何利用自然光和反射光等也是非常重要的。

在整体成像风格上，不同的渲染（Render）风格使得生成的图像有着一定的特点，目前主流的渲染器包括 Unity Engine，Unreal Engine 等，加入这种关键字会使得图片倾向于主流渲染器成像风格。例如，使用 Unity Engine 渲染的图像通常呈现出鲜明的色彩和富有光泽的质感，适用于萌系角色和轻松愉悦的场景；而 Unreal Engine 则更倾向于超写实的表现，能够在细节和材质上表现出令人惊叹的真实感，适用于制作逼真的游戏世界或影视场景。

另一个重要的因素是色调（Colors）。色调可以传达情感和氛围，并且可以使图像更具吸引力。摄影师需要了解如何选择和控制色调，以便捕捉到最适合的情感。

在拍摄时，摄影师可以使用不同的拍摄类型来创造不同的情感效果。例如，长镜头可以捕捉远距离的景象，而近距离拍摄可以突出主题的细节。

此外，摄影师还需要考虑视角。视角可以影响场景的外观和情感，例如，高视角可以捕捉整个场景，而低视角则可以强调某些细节。

最后，设备也是摄影中不可忽视的因素。选择适当的设备可以帮助摄影师更好地捕捉场景。例如，使用高像素的摄像机可以捕捉更清晰的图像，而使用稳定器可以消除摄像机的抖动。

总之，摄影是一门多方面的艺术，需要综合考虑摄像机镜头、灯光、色调、拍摄类型、视角和设备等因素。在我们使用 Photography 格式时，需要结合上述类别，尽可能细致描述需要生成的内容，从而生成独特而吸引人的图像。

表 6-1 给出了摄影风格提示词的类别和参考的取值范围。

表6-1 摄影风格提示词的类别及参考的取值范围

类 别	参考的取值范围
Camera Lens（摄像机镜头）	EE 70mm，35mm，135mm+，300mm+，800 mm short telephoto（短长焦），super telephoto（超长焦），medium telephoto（中长焦） macro（微距），wide angle（广角），fish-eye（鱼眼），bokeh（柔焦）
Lighting（灯光）	studio lighting（摄影棚灯光），neon lighting（霓虹灯光），ambient light（环境光），soft light（柔光），purple neon lighting（紫色霓虹灯光），ring light（环形灯光），sunrays（阳光射入），nostalgic lighting（怀旧灯光）
Render（渲染）	low poly（低多边形），Cinematic（电影级），Octane render（八角渲染）Quantum wavetracing（量子波追踪技术），Unity Engine（Unity引擎），Unreal Engine（虚幻引擎），Isometric assets（等距物体），Polarizing filter（偏光镜）
Colors（色调）	sepia（褐色），vivid colors（鲜艳色彩），monochromatic（单色调），bright colors（明亮色），pastel colors（淡雅色彩），dark colors（暗色调），color splash（色彩飞溅），fantasy vivid colors（幻想鲜艳色彩），black & white（黑白）
Camera Shot Type（拍摄类型）	POV（视角），extreme closeup（特写镜头），long shot（远景镜头），medium shot（中景镜头），closeup（近景镜头），panoramic（全景）
View（拍摄视角）	low angle（低角度），back（背部视角），high angle（高角度），overhead（俯瞰视角），front（前方视角），side（侧面视角）
Device（设备）	iPhone X（手机摄像头），CCTV（闭路电视），Canon（佳能相机），Gopro（极限运动相机）
Overall Helpful（助力词）	4K，64K，8K，detailed（详细的），hyper detailed（极致细节），highly detailed（高度细节化），high resolution（高分辨率），UHD（超高清），HDR（高动态范围），professional（专业的），golden ratio（黄金分割比例）

1）摄像机镜头

不同的摄像机镜头拍摄出来的图像效果各不相同，下面详细介绍各个摄像机镜头的特点。

（1）EE 70mm、35mm、135mm+、300mm+、800mm 镜头都是传统的摄影镜头，它

们在拍摄的时候可以很好地捕捉到真实世界的细节，并且具有良好的景深控制，能够拍摄出高质量的图像。其中，70mm、35mm和135mm+适用于人像和日常摄影，而300mm+和800mm适用于野生动物、运动等需要远距离拍摄的场景。

（2）short telephoto、super telephoto、medium telephoto都是长焦镜头，可以更容易地将焦点放在主体上，而将背景虚化。短长焦适用于人像拍摄，超长焦适用于远距离拍摄，中长焦适用于野生动物、体育运动等拍摄。

（3）macro镜头适用于拍摄非常近距离的主题，能够捕捉到微小的细节。wide angle适用于需要拍摄广阔景象的场景，如风景摄影。fish-eye镜头可以呈现出强烈的弯曲效果，常用于拍摄极端的场景，如建筑物内部和狭小的空间。bokeh可以轻松地将主题从背景中分离出来，让人们更加关注主题。

下面来看一下选取不同摄像机镜头时图像生成的效果。

参考提示词：1 girl, long hair, upper body, studio lighting,cinematic, Canon,EE 70mm,low angle, sepia,4K（1个女孩，长发，上半身，工作室照明，电影，佳能，EE 70mm，低角度，深褐色，4K）。

效果如图6-12所示。

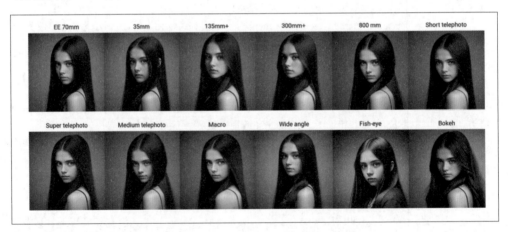

图6-12 镜头提示词效果图

2）灯光

不同类型的灯光会对拍摄出来的图像造成不同的影响，下面详细介绍各个灯光类型的特点。

（1）studio lighting：这是一种专业的照明系统，通常用于拍摄照片或视频。它可以提供均匀的光线，使被拍摄对象看起来非常清晰。

（2）neon lighting：通常用于室内或夜间场景拍摄，它会产生非常鲜艳的颜色，让图像看起来非常有活力。

（3）ambient light：是指环境中的自然光线，如阳光、月光等，这种光线可以为拍摄的图像增添真实感和自然美感。

（4）soft light：这是一种柔和的照明，它可以消除阴影，使肤色看起来更加柔和自然，通常用于人物肖像和食品摄影等领域。

（5）purple neon lighting：这种灯光会给图像增添一种神秘的感觉，通常用于夜景摄影，比如城市街道、夜市等场景。

（6）ring light：这是一种环形灯光，通常用于人像摄影，它可以产生柔和的、环形的光线，使肤色看起来更加美丽。

（7）sunrays：太阳光线穿过窗户或其他物体形成的光影效果，可以给图像增添一种自然、神秘的感觉。

（8）nostalgic lighting：这种灯光通常是一种暖黄色调的光线，可以让拍摄出来的图像看起来像老照片一样，增加一种怀旧的感觉。

不同光照条件下的图像显示效果如图 6-13 所示。

图 6-13 不同光照条件下的效果图

3）渲染类型

渲染类型是指对数字图像进行处理，以产生具有各种视觉效果的输出图像。下面是对给定渲染类型的简要说明。

（1）Cinematic：此类渲染通常用于模拟电影的外观，使用高对比度和饱和度，通常会加入电影噪点、颗粒和模糊等效果。

（2）Octane render：是一种基于 GPU 加速的渲染器，它能够实现非常逼真的渲染效果，主要用于制作动画和特效，可以生成非常细致的图像。

（3）Quantum wavetracing：这是一种新的实时光线追踪技术，通过追踪光线路径以及它们如何相互作用来计算光线的效果，实现逼真的光线追踪效果。

（4）Unity Engine：是一款常用的游戏引擎，也可用于创建交互式应用程序和AR/VR应用程序，它的渲染器采用了一种称为延迟渲染（Deferred Rendering）的技术，可以在实时渲染中生成高质量的图像。

（5）Unreal Engine：也是一款常用的游戏引擎，它采用了一种称为前向渲染（Forward Rendering）的技术，可以生成高质量的图像和动画效果。

（6）Polarizing filter：偏光镜可以减少照片中的反光和闪烁，并增强颜色饱和度。它还可以增加图像的对比度，使图像看起来更加清晰。

不同渲染条件下图像显示效果如图 6-14 所示。

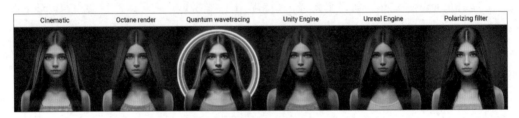

图 6-14 不同渲染条件下的效果图

4）色调

不同颜色会使图像表达不同的情感，下面详细介绍各种颜色的特点。

（1）sepia：使用褐色色调来呈现照片，使照片看起来古老、温暖。这种类型的照片通常会增强照片的深度和纹理，给人一种怀旧和浪漫的感觉。

（2）vivid colors：这种类型的照片使用明亮、鲜艳的颜色，使照片看起来生动、饱满和充满活力。色彩饱和度高，可以增强照片的色彩对比度和亮度。

（3）monochromatic：这种类型的照片使用同一种颜色的不同阶调，从而创造出一种单色调的效果。这种类型的照片通常强调的是形状、纹理和形态，而不是色彩。

（4）bright colors：这种类型的照片通常会增强照片的对比度和色彩饱和度，使照片更加明亮、清晰和有活力。

（5）pastel colors：这种类型的照片使用柔和、淡雅的颜色，使照片看起来温和、优雅。这种类型的照片通常会增强照片的深度和纹理，使照片更加细腻、柔和和有质感。

（6）dark colors：这种类型的照片使用暗色调，使照片看起来阴暗、深邃和神秘。这种类型的照片通常会增强照片的深度和纹理，给人一种神秘和富有情感的感觉。

（7）color splash：这种类型的照片使用黑、白或灰度图像，然后用鲜艳的颜色在特定的区域中"溅泼"色彩，以突出某些元素或区域，创造出非常引人注目和充满活力的效果。

（8）fantasy vivid colors：这种类型的照片使用明亮、鲜艳的颜色，并增加一些光芒、烟雾、光晕等特效，以创造出一个神秘、奇幻、不真实的世界。

（9）black & white：这种类型的照片使用黑白调，使照片呈现出灰度色调，通常强调照片的形状、纹理和构图，使人们更关注照片的主题和情感，同时也能增强照片的表现力和艺术感。

不同色调下图像显示效果如图 6-15 所示。

图 6-15 不同色调下的效果图

5）拍摄类型

不同拍摄类型拍摄出来的图像特点如下：

（1）POV：以拍摄者的视角进行拍摄，使观众有身临其境的感觉。

（2）extreme closeup：对一个人或物体进行极近距离的拍摄，能够突出物体的细节和特征。

（3）long shot：将被拍摄物体与周围环境的关系都呈现出来，有着广阔的画面视野。

（4）medium shot：将被拍摄物体的上半身或腰部以上呈现在画面中，比较接近被拍摄物体，但是也不会太过局限于被拍摄物体。

（5）closeup：将被拍摄物体的头部或上半身呈现在画面中，非常接近被拍摄物体，能够突出物体的情感和表情。

（6）panoramic：将摄像机沿水平或垂直方向进行旋转拍摄，呈现出广阔的全景画面，适合拍摄风景或场景。

不同拍摄类型下的图像显示效果如图 6-16 所示。

图 6-16 不同拍摄类型下的效果图

6）拍摄视角

不同拍摄视角拍摄出来的图像特点如下：

（1）low angle：通常从地面拍摄，可以突出主体的高度和力量感，使其看起来更加强大和有威严。

（2）back：摄像机在被拍摄者的后方，通常用于展现被拍摄者的背影和轮廓，也可以用来展现场景和背景。

（3）high angle：通常从高处向下拍摄，可以强调场景和背景，也可以使主体看起来更加微小和脆弱。

（4）overhead：从上方向下拍摄，可以展现场景的全貌和布局，也可以强调被拍摄者的行动和动态。

（5）front：摄像机正对着被拍摄者，通常用于展示被拍摄者的面部表情和情感，也可以展示被拍摄者的整体形象。

（6）side：摄像机从被拍摄者的侧面拍摄，通常用于展示被拍摄者的侧脸和身体线条，也可以展示场景和背景。

不同视角下的拍摄效果如图 6-17 所示。

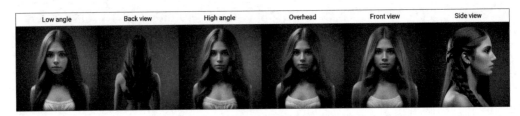

图 6-17 不同视角下的拍摄效果图

7）拍摄设备

不同的拍摄设备拥有不同的特点：

（1）Canon：佳能相机通常拥有更大的感光元件和更高的像素数值，可以拍摄出高分辨率、高质量的图像。Canon 可以用来更加精细地控制拍摄效果，适合专业摄影师使用。

（2）iPhone X：iPhone X 拍摄的图像颜色还原度很高，而且具有很好的自动白平衡、自动对焦和光学防抖等功能，使得用户可以轻松地拍摄出高质量的照片和视频。

（3）CCTV：通常用于监控和安防领域，拥有广角镜头和高清分辨率，可以拍摄出较为清晰、全景的画面，但其细节还原和颜色还原能力相对较差。

（4）Gopro：具有防水、防震等特点，适合户外运动、极限运动等场景，它的画质清晰度高、颜色还原度高，具有较大的广角，既可以拍摄出全景的画面，可以实现多种不同的拍摄方式。

不同拍摄设备的效果图如图 6-18 所示。

图 6-18 不同拍摄设备的效果图

8）细节程度

通常情况下，细节程度越高的图像会更加清晰、逼真，可以看到更多的细节和纹理。以下是对 3 种不同细节程度拍摄出来的图像特点的具体介绍。

（1）hyper detailed：指拍摄出来的图像具有极高的细节程度，能够展示物体非常精细的纹理和细节，看起来非常真实和逼真。

（2）highly detailed：相对于 hyper detailed 而言，highly detailed 的图像细节程度稍低，但依然具有很高的清晰度和逼真度。

（3）high resolution：图像的分辨率非常高，能够显示出更多的像素和细节，从而呈现出更加真实、清晰的画面。摄像机的像素越高，拍摄出的高分辨率图像就越清晰、逼真。

不同细节程度下生成图像的质量对比如图 6-19 所示。

图 6-19 不同细节程度下生成的图像

2 艺术媒介类

艺术媒介也是一种重要的修饰语，常用的艺术媒介类型有：

（1）Charcoal Illustration（炭笔画）：通常以黑白或灰度为主，具有粗糙、浓重的线条效果，能够表现出深度、明暗和纹理感，常用于绘制素描、速写、写生等。

（2）Ink Illustration（墨水画）：以墨水为媒介，画面黑白清晰、线条简洁，画风具有简约、干练的特点，常用于绘制漫画、插图和书法作品等。

（3）Woodcut Illustration（木刻画）：是一种雕刻技术，以木板为媒介，在木板上雕刻出线条和图案，再印刷于纸上，具有强烈的线条感、粗糙的纹理感和浓烈的对比度。

（4）Watercolor Illustration（水彩画）：以水溶性颜料为媒介，具有透明、柔和、清新的效果，常用于绘制自然风景、人物、静物等。

（5）Pencil Illustration（铅笔画）：通常以黑白或灰度为主，具有精细、柔和的线条和渐变效果，常用于绘制人物、风景、建筑、静物等。

（6）Collage Illustration（拼贴插画）：拼贴插画是一种将不同材料或图像剪切、拼贴而成的艺术形式。这种形式可以让画面充满层次感、贴近生活、富有趣味性和创造性。

（7）Acrylic Illustration（丙烯插画）：是一种以丙烯颜料为媒介的绘画形式，具有鲜明、丰富、饱满的色彩效果，画面具有厚重感和质感。

（8）Line Art（线条艺术）：是一种简单、干净、精细的艺术形式，常用于描绘线条和形状，具有几何美和抽象美。

（9）Psychedelic Illustration（迷幻插画）：通常具有颜色浓郁、形式多变、图案繁复的特点，常用于表现异想天开、幻觉、梦境等。

（10）Chalk Illustration（粉笔画）：是一种以粉笔为媒介的绘画形式，通常具有明亮、柔和、清晰的效果，画面有时也会具有一定的粗糙感和纹理感。

（11）Graffiti（涂鸦艺术）：通常在公共空间或建筑物上进行，具有独特的创造性和表现性，常常包括大胆、夸张的图案和文字，通常用于表达社会或文化信息。

供参考的 Prompt：Charcoal illustration, {cute lion},4K, detailed, fantasy vivid colors, sun light（炭笔画插图，可爱的狮子，4K，详细描绘，幻想生动的颜色，阳光）。

不同艺术媒介产生的图像的效果如图 6-20 所示。

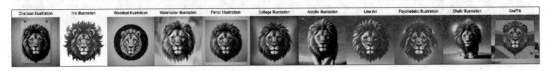

图 6-20 不同艺术媒介产生的图像

3 艺术家类

艺术家作为一种关键字信息也会出现字 AI 绘画中，表 6-2 给出了各种艺术家类及其风格。

表6-2 艺术家类关键字

类 别	艺 术 家	风 格
动画风	Studio Ghibli	Animation
	Pixar	Animation
	Shepard Fairey	Graffiti art, contemporary art
	Artgerm	Digital art, graphics
景观艺术	Thomas Kinkade	Painter
	Leonid Afremov	Painter
	Vincent Van Gogh	Cityscape, landscape art
	Claude Monet	Landscape art, portrait
	Albert Bierstadt	Landscape art, painter
	John Singer Sargent	Landscape art, portrait
	Pierre-Auguste Renoir	Mythological painting, landscape art
	Thomas Moran	Explorer, landscape art
	Paul Cézanne	Landscape art, genre painting
	Camille Pissarro	Landscape art, The Wrightsman Pictures
	Thomas Cole	Landscape art, painter
	Caspar David Friedrich	Landscape art, German Romanticism
	Alfred Sisley	Painter, still life
	Gustave Courbet	Realism, landscape art
	Carl Larsson	Landscape art, genre painting
	Mary Cassatt	Landscape art, genre painting
	Tom Thomson	Landscape art, painter
	Utagawa Hiroshige	Landscape art, painter
	Camille Corot	Realism, landscape art
	Lawren Harris	Landscape art, painter
	Martin Johnson Heade	Landscape art, marine art
	Ivan Shishkin	Realism, landscape art
	Rembrandt Van Rijn	Mythological painting, landscape art
肖像画	Frida Kahlo	Surrealism, portrait
	John William Waterhouse	Pre-Raphaelite Brotherhood, neo-Pompeian
	Raphael	Mythological painting, allegory
	Joaquín Sorolla	Portrait, Impressionism
	Andy Warhol	Portrait, pop art
	Kehinde Wiley	Painter, contemporary art
	Alfred Eisenstaedt	Photographer, portrait
	Dante Gabriel Rossetti	Figurative art, allegory
	Berthe Morisot	Portrait painting, painter
	Amedeo Modigliani	Landscape art, portrait
	Johannes Vermeer	Genre painting, portrait
	William Holman Hunt	Pre-Raphaelite Brotherhood, portrait
	Jeremy Mann	Research...

（续表）

类　别	艺　术　家	风　格
现实主义	Edward Hopper	Genre painting, American realism
	Norman Rockwell	Realism, figurative art
	Winslow Homer	Realism, marine art
	Edward Steichen	Photographer, pictorialism
	George Inness	Landscape art, painter
	John Constable	Realism, landscape art
	Ivan Aivazovsky	Mythological painting, landscape art
	Ilya Repin	Realism, genre painting
	Gil Elvgren	

艺术家修饰语的使用方式为 by [artists] OR in the style of [style or artist]。这里使用的提示词为 1girl, by [artists]（1 个女孩，由 [艺术家] 创作），不同艺术家的输出图像示例如图 6-21 所示。

图 6-21　不同艺术家的效果（示例 1）

下面再看一个示例。

Prompt: art by Diego Rivera, {cute white girl with red hair standing on the roadside},4K, detailed, fantasy vivid colors, sun light（迭戈·里维拉的艺术作品,{ 可爱的红发白人女孩站在路边 },4K, 细致，幻想生动的色彩，阳光）。

提示词中 Diego Rivera 也可以修改为别的艺术家，不同艺术家的图像效果如图 6-22 所示。

图 6-22　不同艺术家的效果（示例 2）

当然，这里我们也可以将艺术进行混合，使用方式为 by artis1 and artist2。

Prompt：art by Vincent Van Gogh and Claude Monet, {cute white girl with red hair standing on the roadside},4K, detailed, fantasy vivid colors, sun light（文森特·威廉·梵高和克劳德·莫奈的艺术作品，{可爱的红发白人女孩站在路边}，4K，细致，幻想鲜艳的色彩，阳光）。

图像效果如图 6-23 所示。

除了人物肖像外，我们同样可以对景观图像指定对应的艺术家以赋予对应的风格。使用方式为：landscape by [artist]。

图 6-23 艺术家关键字混合效果

参考的 Prompt 如下：

concept art,landscape by Albert Bierstadt,{aerial view, drone photography, mountains and ocean},4K, hyper detailed, cinematic, sun light, godrays, vivid, beautiful, trending on artstation（概念艺术，阿尔伯特·比斯泰德的风景，{航拍视角，无人机摄影，山川和海洋}，4K，细节丰富，电影般的视觉效果，阳光，光晕，生动，美丽，正在 Artstation 上热门）。

·知识扩展·

- Albert Bierstadt（阿尔伯特·比斯泰德）：他是 19 世纪美国著名的景观画家之一，以细致入微的山水画而闻名，尤其是在表现美国西部地区的壮丽景色方面特别出色。他的画作经常呈现出宏伟的山脉和广袤的草原，色彩丰富而生动，带有浪漫主义的气息。

- John Singer Sargent（约翰·辛格·萨金特）：他是 19 世纪末 20 世纪初美国最杰出的肖像画家之一，也是一位优秀的景观画家。他的景观画作品精美绝伦，特别是他在油画方面的表现，以其真实性和细致入微的细节而著称。他经常使用明亮的色彩和大胆的笔触来表现自然的美丽和壮观。

- Pierre-Auguste Renoir（皮埃尔·奥古斯特·雷诺阿）：他是法国印象派的重要代表之一，以其在印象派运动中的领导地位而闻名。他的风景画作品通常具有明亮的色彩和轻快的笔触，以及强烈的自然光线和阴影。他的作品强调光线和色彩的感觉，尤其是在描绘自然景色时，营造出一种柔和而舒适的气氛。

- Thomas Moran（托马斯·莫兰）：他是 19 世纪美国著名的景观画家之一，主要创作美国西部地区的壮丽景色。他的作品充满了浪漫主义色彩，尤其是在表现山脉和峡谷等自然景色时，用色丰富，线条精细，有时还添加了一些幻想元素。

·知识扩展·

● Camille Pissarro（卡米耶·毕沙罗）：他是法国印象派的创始人之一，以其对自然的观察和对光线、色彩的敏锐感知而著称。他的风景画作品通常呈现出平静而平淡的感觉，色彩相对柔和，笔触轻柔。他的作品强调光线和色彩的感觉，同时也表现出他对自然界的尊重和敬畏。

选取不同风格艺术家生成的图像如图 6-24 所示。

图 6-24　不同艺术家生成的不同风格的图像

4 艺术风格类

艺术风格是指一种具有独特特征的艺术形式或表现方式，通常与特定的时代、地域、文化、艺术流派、艺术家或艺术作品等有关。常见的艺术风格有：

（1）Expressionism（表现主义）：追求对情感和内心的直观表达，注重表达个人主观情感和情绪。

（2）Impressionism（印象派）：强调捕捉瞬间的感觉和光线，追求自然光的变化和色彩的纯粹性，强调笔触和颜色的运用。

（3）Cubism（立体派）：将三维的物体转换为平面上的几何形体，强调图形和空间的结构，注重构成的几何美和抽象性。

（4）Surrealism（超现实主义）：试图探索潜意识和非理性的领域，强调幻觉和梦境的表现，注重画面中的象征性和想象力。

（5）Fauvism（野兽派）：强调色彩的纯粹性和鲜艳度，追求感官的直接体验，作品具有强烈的装饰性和表现力。

（6）Art Nouveau（新艺术）：强调装饰性和流线型的曲线造型，追求生活与艺术的融合，注重对自然的借鉴和解构。

（7）Baroque（巴洛克）：强调戏剧性和宏大气势，注重对光影和颜色的运用，以及图像的运动感和动态效果。

（8）Renaissance（文艺复兴）：注重对人体的真实比例的表现，强调透视和光影的表现，以及对古典文化和人文主义的借鉴。

（9）Romanticism（浪漫主义）：强调个性和感性，注重情感和想象力的表现，以及对自然和历史的热爱和渴求。

（10）Realism（现实主义）：注重真实和客观的表现，强调对现实生活和社会问题的关注，以及对人性和社会的批判。

（11）Minimalism（极简主义）：追求简洁和纯粹，注重形式和材料的表现，强调对空间和环境的感知和体验。

（12）Cartoon（卡通）：以幽默和夸张的手法表现人物和事件，强调表现力和幽默感。

（13）Pop Art（波普艺术）：将大众文化和消费社会的元素引入艺术创作中，以明亮的色彩和大胆的图像表现形式为特点，注重对大众文化和社会现象的讽刺和反思。

（14）Postmodernism（后现代主义）：强调对传统艺术与文化的重新解读和批判，注重对多样性和多层次性的表现，以及对权力和现实的质疑与反思。

（15）Digital Art（数字艺术）：利用数字技术和媒介进行艺术创作，包括数字绘画、数码摄影、数字雕塑等形式，注重对科技和数字文化的应用和探索。

将下列 Prompt 作为基准来比较不同艺术风格的输出效果。

Prompt：Expressionism, {cute lion},4K, digital illustration, detailed, fantasy vivid colors, sun light（表现主义，{ 可爱的狮子 }，4K，数字插画，细节丰富，充满幻想色彩的图像，阳光）。

不同艺术形式生成的图像效果如图 6-25 所示。

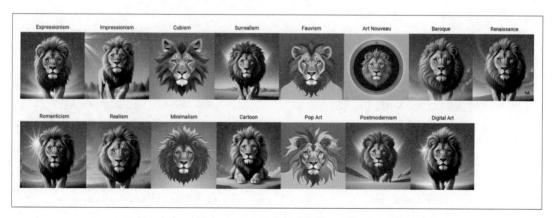

图 6-25 不同艺术形式的效果比较

还有其他艺术风格提示词可供参考：

Abstract, Abstract expressionism, Academism, Action painting, American realism, Analytical cubism, Anime, Art Deco, Art Nouveau, Baroque, Bauhaus, Biopunk, Classical realism, Color Field painting, Conceptual art, Cubism, Cybernoir, Cyberpunk, Dada, Dark fantasy, De Stijl, Decopunk, Dieselpunk, Digital art, Expressionism, Fauvism, Fine art, Futurism, Gothic, Impressionism, Installation art, Land art, Lyrical Abstraction, Manga, Minimalism, Modern art, Modernism, Neo-Dada, Neo-expressionism, Neoclassical, Neo-Impressionism, New realism, Nouveau Realisme, Op Art, Orphism, Photorealism, Pixel art, Pop art, Post-Impressionism, Post-minimalism, Post-painterly abstraction, Precisionism, Purism, Realism, Rococo, Romanticism, Socialist realism, Steampunk, Surrealism, Synthwave, Symbolism, Synchromism, Tonalism, Ukiyo-e, Video art, and Zouave（抽象，抽象表现主义，学院派，动作绘画，美国现实主义，分析立体主义，动漫，装饰艺术，新艺术，巴洛克，包豪斯，生物朋克，古典现实主义，色域绘画，观念艺术，立体主义，赛博诺瓦，赛博朋克，达达，黑暗幻想，风格派，柴油朋克，数字艺术，表现主义，野兽派，美术，未来主义，哥特式，印象派，装置艺术，大地艺术，抒情抽象，漫画，极简主义，现代艺术，现代主义，新达达，新表现主义，新古典主义、新印象主义、新现实主义、新现实主义、欧普艺术、奥普主义、照相写实主义、像素艺术、波普艺术、后印象主义、后极简主义、后绘画抽象、精确主义、纯粹主义、现实主义、洛可可、浪漫主义、社会主义现实主义、蒸汽朋克、超现实主义、合成波、象征主义、同步主义、调性主义、浮世绘、视频艺术）。

5 插画类

插画是一种重要的绘画形式，也会作为关键字大量出现。常用的插画类型有：

Illustration Types（插画类型）

- 三维插画（3D Illustration）
- 低多边形（Low Poly）
- 漫画插画（Comic Book Illustration）
- 卡通插画（Cartoon Illustration）
- 块状插画（Block Illustration）
- 动漫（Anime）
- 炭笔画（Charcoal Illustration）
- 墨水画（Ink Illustration）
- 木刻画（Woodcut Illustration）
- 水彩画（Watercolor Illustration）
- 铅笔画（Pencil Illustration）
- 拼贴插画（Collage Illustration）
- 丙烯插画（Acrylic Illustration）
- 线条艺术（Line Art）
- 迷幻插画（Psychedelic Illustration）
- 时尚插画（Fashion Illustration）

儿童图书插画（Children's Book Illustration）

（1）3D Illustration（三维插画）：利用三维计算机图形学技术制作的插画，可以产生具有逼真感和立体感的效果，常用于游戏、影视等领域。

（2）Low Poly：一种简约风格的插画，将三维模型简化成具有角色感和几何美感的低面数模型，常用于游戏、动画等领域。

- Comic Book Illustration：以漫画为基础的插画，具有明显的线条和图像表现形式，常用于漫画书、图像、小说等。
- Cartoon Illustration：以卡通为基础的插画，具有夸张、幽默、简单的特点，常用于卡通动画、儿童图书等。
- Block Illustration：以简单的色块和形状来表现插画，具有简洁明快的特点，常用于图标、标志等领域。
- Anime：以动漫为基础的插画，具有明显的动漫风格和线条表现，常用于动画、漫画、游戏等领域。
- Fashion Illustration：时尚插画的主要特点是时尚设计和美学。因此，这种插画通常强调人物造型的设计和流行元素，能够表现出服装的质感、剪裁和发型风格等。
- Children's Book Illustration：儿童图书插画通常具有童真和可爱的特点。这种画风经常使用明亮、鲜艳的颜色和吸引人的形象，以吸引孩子的注意力。

不同插画类型的效果对比如图 6-26 所示。

图 6-26 不同插画类型的效果对比

6 美学类

美学类关键字信息如表 6-3 所示。

表6-3 美学类关键字

类 别	美学风格	中文描述
复古未来派	Steampunk, Clockpunk, Dieselpunk, Atompunk, Rococopunk, Steelpunk, Stonepunk	蒸汽朋克、钟表朋克、柴油朋克、原子朋克、洛可可朋克、钢铁朋克、石朋克
畅想幻境派	Cottagecore, Dreamcore, Vaporwave, Baroque	乡村风、梦境风、蒸汽波、巴洛克
异世幻境派	Elfpunk, Oceanpunk, Acidwave, Weirdcore	精灵朋克、海洋朋克、酸波、怪异核心
黑暗神秘派	Cyberpunk, Film noir	赛博朋克、黑暗电影

1）复古未来派

从表 6-3 可知，该风格共有 7 种，即 Steampunk、Clockpunk、Dieselpunk、Atompunk、Rococopunk、Steelpunk、Stonepunk，以下对这 7 种风格进行介绍。

（1）Steampunk：是一种基于 19 世纪末的蒸汽动力技术和工业革命文化的虚构世界。在这个世界里，机械和手工艺术相结合，创造出一种独特的、以铜质和皮革为主要材料的风格，包括飞艇、望远镜、齿轮机构、蒸汽机、手工制作的工具和机器、复古时钟等元素。这种风格通常是以古典的维多利亚时代为背景，同时融合了未来和科幻元素。

（2）Clockpunk：是一种以时钟和机械为主题的风格。这种风格通常与欧洲文艺复兴时期相关联，强调精度和准确度。在 Clockpunk 的作品中，经常出现制作精良的时钟、机械齿轮、万花筒以及其他机械装置。Clockpunk 作品的特点是精致的细节、华丽的风格以及精密的工艺。

（3）Dieselpunk：是一种以二战前后的工业时代为背景的风格。这种风格通常与汽车、飞机、工厂相关联。在 Dieselpunk 的作品中，通常出现大量的机器、加油站、老式广告及其他相关元素。这种风格的作品通常强调机械化和工业化的特点。

（4）Atompunk：是一种基于二战后的"原子时代"的未来想象风格，特别是以核能技术为主题。Atompunk 的作品通常包括大型机器、核电站、未来城市、太空旅行以及其他相关元素。

（5）Rococopunk：是一种以 18 世纪晚期法国洛可可时期为主题的风格。这种风格强调装饰和华丽的元素，特别是以粉红色、金色和白色为主要色调。Rococopunk 的作品中通常包括了华丽的饰品、精美的花卉图案等。

（6）Steelpunk：是一种科幻和机械朋克的混合风格，通常描绘一个未来的世界，人类已经发展出了高度先进的科技和机械制造技术。在这种设定下，人们通常会穿着类似于机器人或者机械装备的服装，同时也会使用各种高科技武器和设备。

（7）Stonepunk：石器朋克设想了一个古代文明或原始社会拥有基于天然材料（如石头、木材或其他非金属资源）的先进技术的世界。在石器朋克中，机器和小工具不依赖蒸汽或电力，而是由来自自然界的替代能源驱动。石器朋克将史前或神话主题与不合时宜的技术相结合，创造出古老和未来主义元素并存的情景。

下面使用参考提示词来查看复古未来派类别的不同风格的效果（其中Streampunk可替代成其他风格进行图像输出）：

Steampunk,front view,{a girl with short blue hair and blue eyes is sitting on a chair,looking at viewer},4k, hyper detailed, cinematic, trending on artstation（蒸汽朋克，正视图，{1个有着短蓝色头发和蓝眼睛的女孩坐在椅子上，看着观众}，4K，超详细的细节，电影般的视觉效果，在Artstation上流行）。

效果如图6-27所示。

图6-27　复古未来派类别不同风格效果图

2）畅想幻境派

从表6-3可知，畅想幻境派共有4种风格，即Cottagecore、Dreamcore、Vaporwave、Baroque，以下是对这4种风格的介绍。

（1）Cottagecore：是一种强调田园生活和自然元素的风格。在Cottagecore的作品中，常常出现田园风光、森林、花卉、动物、乡村小屋等元素，通常以淡雅的色调和柔和的光线来营造温馨的氛围。Cottagecore的特点是包括自给自足、手工艺、自然采集和可持续生活等概念。

（2）Dreamcore：是一种以梦幻和幻想为主题的风格。这种风格通常包括奇幻的元素、超现实的场景、神秘的符号以及梦境般的氛围。Dreamcore的作品常常展现了幻想世界中的奇异和不可思议，强调个体内心的世界和情感体验。这种风格的特点是想象力丰富，具有独特的视觉效果以及易引发共鸣的情感。

（3）Vaporwave：是一种基于20世纪80年代和90年代的复古和未来主义风格。这种风格的作品通常包括大量的复古元素、模拟电视噪声、电子音乐。Vaporwave的特点是包括独特的视觉效果、夸张的色彩，以及对过去和未来的反思。

（4）Baroque：是一种 17 世纪至 18 世纪初期欧洲的艺术和建筑风格。这种风格强调奢华、繁复和装饰性，通常包括复杂的曲线、雕刻、壁画、金箔和珠宝等元素，具有宏大的氛围和戏剧性的效果。这种风格的特点是包括豪华、精致和艳丽的装饰，以及对材质和细节的高度关注。

畅想幻境派类别不同风格的效果如图 6-28 所示。

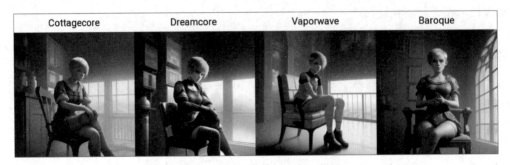

图 6-28 畅想幻境派类别不同风格的效果图

3）异世幻境派

从表 6-3 可知，异世幻境派共有 4 种风格，即 Elfpunk、Oceanpunk、Acidwave、Weirdcore，以下是对这 4 种不同风格的介绍。

（1）Elfpunk：是一种以精灵和妖精为主题的风格。在 Elfpunk 的作品中，常常出现奇幻的森林、神秘的生物以及魔法元素。Elfpunk 强调自然、神秘和幻想，通常以充满魔法和幻觉的氛围为特点。这种风格的作品通常充满了奇异和幻梦般的情感，强调与自然和幻想世界的联系。

（2）Oceanpunk：是一种以海洋和水下世界为主题的风格。这种风格通常包括海洋生物、珊瑚礁、海底城市以及对海洋生态和环保议题的关注。Oceanpunk 强调对海洋的探索和保护，通常以蓝色和绿色的色调为主，营造出深海和海洋世界的神秘和壮观。这种风格的特点包括了对海洋生物和水下环境的创意诠释，以及对环境保护和可持续海洋利用的关注。

（3）Acidwave：是一种以强烈的鲜艳色彩和抽象的几何形状为特点的风格。这种风格通常包括亮丽的颜色、扭曲的形状以及荧光和霓虹效果等元素。Acidwave 强调对视觉和感觉的刺激，通常带有强烈的未来主义和科技感。这种风格的作品常常充满了夸张和反传统的元素，强调个性和自由表达。

（4）Weirdcore：是一种奇异和怪异风格的混合体。这种风格通常包括独特的视觉效果、怪诞的形象、离奇的情节，以及对荒谬和离经叛道的幽默表现。这种风格的特点是包括了独特的想象力、怪异的情感体验，以及对异常和离奇的探索。

这里采用参考提示词绘制上述不同美学风格的图像：

concept art,Elfpunk,front view,{a girl with short blue hair and blue eyes is sitting on a chair,looking at viewer},4K, hyper detailed, cinematic, sun light,godrays, vivid, beautiful, trending on artstation（概念艺术，精灵朋克风格，正面视角，{1 个短蓝色头发和蓝眼睛的女孩坐在椅子上，看着观众 }，4K，超详细描绘，电影般的视觉效果，阳光、神光、生动、美丽、正在 Artstation 上流行）。

异世幻境派类别不同风格的效果如图 6-29 所示。

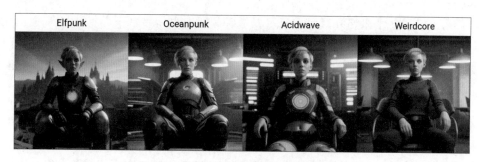

图 6-29 异世幻境派类别不同风格的效果图

4）黑暗神秘派

从表 6-3 可知，黑暗神秘派有两种风格，即 Cyberpunk 和 Film noir，以下对这两种风格进行介绍。

（1）Cyberpunk：是一种以高度先进科技和网络文化为特点的风格，通常包括未来城市、虚拟现实、人工智能以及对科技和社会的深刻思考。Cyberpunk 强调技术的影响和对未来世界的幻想，通常以暗黑、高科技、破败和反乌托邦的氛围为特点。这种风格的作品常常探讨的是科技与人类关系的融合、权力与控制、个人身份与自由意志的冲突等主题。

（2）Film noir：是一种以黑暗和阴郁氛围为特点的电影风格。这种风格起源于 20 世纪40 年代和 50 年代的电影，通常包括了复杂的人际关系。Film noir 强调对人性的探讨和审视，通常以黑白的高对比度影像和复杂的情节为特点。

黑暗神秘派类别两种风格的效果如图 6-30 所示。

图 6-30　黑暗神秘派类别两种风格的效果图

7 艺术灵感类

除了艺术家和艺术风格外，我们还可以借鉴其他的媒体平台来寻找艺术灵感。常见的媒体平台有 ArtStation、Behance 以及 Dribble 等。它们都是面向设计、创意和艺术领域的社交平台，其中的 trending 风格会受到不同因素的影响。以下是它们在 landscape 方向 trending 风格方面的特点：

（1）ArtStation：是一个主要面向数字艺术家和游戏开发人员的社交平台，其 trending 风格主要集中在数字艺术、游戏美术和 CGI 等领域。在 landscape 方向上，ArtStation 上的 trending 风格通常呈现出视觉冲击力强、色彩鲜艳、细节丰富、充满幻想和想象力的特点，包括虚幻、奇幻、科幻等元素。其中 trending by artstation 是目前最为常用的 Prompt 魔法词，用来对图像进行效果增强。

（2）Behance：是一个面向创意设计领域的社交平台，其 trending 风格主要涉及平面设计、UI 设计、品牌设计、插画等方向。在 landscape 方向上，Behance 上的 trending 风格通常呈现出大气、简洁、明快、极致细节等特点，常常采用纯色背景和平面化的风格呈现。

（3）Dribbble：是一个以设计师为主的社交平台，其 trending 风格主要涉及 UI 设计、插画、动画等领域。在 landscape 方向上，Dribbble 上的 trending 风格通常呈现出简洁、明快、线条流畅、图形简化、几何化等特点，常常采用简洁的构图和富有几何感的图形设计呈现。

图 6-31 是加入了不同艺术平台后生成的景观效果图，相关的提示词如下：

concept art, landscape ,{aerial view, drone photography, mountains and ocean},4K, hyper detailed, cinematic, sun light, godrays, vivid, beautiful, trending on artstation（概念艺术，风景，{鸟瞰图，无人机摄影，山脉和海洋}，4K，超详细，电影，阳光，体积光，生动，美丽，在 ArtStation 上流行）。

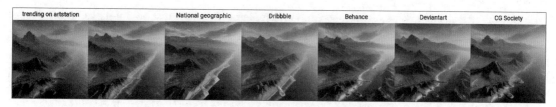

图 6-31 不同艺术平台生成的景观效果图

其他会影响绘制风格和特征的提示词如下（供参考）：

- 绘画类型：Acrylic paint, Airbrush, Canvas, Cave art, Chinese painting, Coffee paint, Color field painting, Dripping paint, Fine art, Glass paint, Gouache, Graffiti, Hard edge painting, Hydrodipped, Mural, Oil on canvas, Oil paint, Painting, Paper-marbling, Puffy paint, Rock art, Scroll painting, Splatter paint, Spray paint, Still-life, Street art, Tempera paint, Tibetan painting, Watercolor, Wet paint（丙烯颜料，喷枪，画布，洞穴艺术，中国画，咖啡漆，色域画，滴水画，美术，玻璃漆，水粉，涂鸦，硬边画，水浸，壁画，布面油画，油画，绘画，大理石花纹，蓬松颜料，岩画，卷轴画，泼漆，喷漆，静物画，街头艺术，蛋彩画，藏画，水彩，湿画）。

- 印刷风格：Advertisement, Aquatint, Banner, Barcode, Block printing, Blueprint, Booklet, Business card, Collage, Coloring book, Comic book, Cyanotype, Election photo, Election poster, Etching, Graphic novel, Halftone, illuminated manuscript, illustrated-booklet, instruction manual, intaglio, Iinocut, Lithograph, Logo, Magazine, "Magic the Gathering" card, Manuscript, Map, Mezzotint, Mono printing, Movie poster, Newspaper, Newsprint, Photocollage, Photograph, Postage stamp, Poster, Product photo, Propaganda Poster, QR code, Schematic, Signage, Silver gelatin, Sticker, Storyboard, Storybook illustration, Tarot card, Visual novel, Wall decal, and Woodblock print（广告，凹版，横幅，条形码，雕版印刷，蓝图，小册子，名片，拼贴画，着色书，漫画书，蓝晒版，选举照片，选举海报，蚀刻，图画小说，半色调，照明手稿，插图小册子，说明书，凹版，石版画，徽标，杂志，"魔法聚会"卡，手稿，地图，金属版，单色印刷，电影海报，报纸，新闻纸，照片拼贴，照片，邮票，海报，产品照片，宣传海报，二维码代码，原理图，标牌，银明胶，贴纸，故事板，故事书插图，塔罗牌，视觉小说，墙贴花和木刻印刷）。

- 形容词：alien, ancient, angelic, angry, anxious, athletic, award-winning, basic, beautiful, chaotic, cheerful, clean, cold, colorful, confusing, cozy, creepy, cute, depressing, detailed, dirty, disgusting, dreamy, dry, ecstatic, elderly, ethereal, evil, excited, expensive, fancy, fat, flat, flat design, flat shading, fluffy, friendly, furry, fuzzy, gloomy, good, gorgeous, greeble, hairy, happy, highly detailed, huge, hyperrealistic, impossible, incoherent, intricate, intricate maximalist, joyful, large, lonely, lucid, lumin（外星人，古代，天使，愤怒，焦虑，运动，获奖，基本，美丽，混乱，快乐，干净，寒冷，多彩，令人困惑，舒适，可爱，令人沮丧，详细，肮脏，恶心，梦幻，干燥，欣喜若狂，老年，空灵，兴奋，昂贵，花式，脂肪，平面，平面设计，平面底纹，蓬松，友好，毛茸茸，模糊，阴沉，好，华丽，greeble，毛茸茸的，快乐，高度详细，巨大，超现实，不可能的，语无伦次的，错综复杂的，错综复杂的最高主义，快乐的，大的，孤独的，清醒的，发光的）。

- 光线：accent lighting, afternoon, artifical lighting, backlighting, beautiful lighting, blue hour, bright lighting, lit by candlelight, Christmas lights, cinematic lighting, colorful lighting, contre-jour, crepuscular rays, dark lighting, dawn, daylight, daytime, dim lighting, dramatic lighting, dusk, evening, film noir lighting, lit by firelight, flickering light, floodlight, fluorescent light, front lighting, global illumination, golden hour, halfrear lighting, halogen light, hard lighting, high key lighting, incandescent light, low key lighting, low lighting, moody lighting, morning, natural lighting, nighttime, noon, portrait lighting, ray tracing, ray tracing global illumination, rays of light, rays of shimmering light, realistic lighting, Rembrandt lighting, rim lighting, silhouette lighting, soft lighting, split lighting, spotlight, studio lighting, sunlight, sunrise, sunset, twilight, ultraviolet light, volumetric lighting, Xray（重点照明，下午，人工照明，背光，美丽的照明，蓝色小时，明亮的照明，烛光照明，圣诞彩灯，电影照明，彩色照明，对比日，黄昏光线，黑暗照明，黎明，日光，白天，昏暗照明，戏剧性照明，黄昏，晚上，黑色电影照明，火光照明，闪烁光，泛光灯，荧光灯，前照明，全局照明，黄金时段，半后照明，卤素灯，硬照明，高调照明，白炽灯，低主照明，低照明，情绪照明，早晨，自然照明，夜间，中午，肖像照明，光线追踪，光线追踪全局照明，光线，闪烁光线，真实照明，伦勃朗照明，边缘照明，轮廓照明，柔和的照明，分体照明，聚光灯，工作室照明，阳光，日出，日落，暮光，紫外线，体积照明，X射线）。

- 摄像机视角和成像质量相关：ultra wide-angle, wide-angle, aerial view, massive scale, street level view, landscape, panoramic, bokeh, fisheye, dutch angle, low angle, extreme long-shot, long shot, close-up, extreme close-up, highly detailed, depth of field (or dof), 4K, 8K uhd, ultra realistic, studio quality, octane render（超广角，广角，鸟瞰图，大规模，街景，风景，全景，背景虚化，鱼眼，荷兰角，低角度，超长镜头，长镜头，特写，超特写，高度详细，景深（或自由度），4K，8K超高清，超逼真，工作室品质，Octane渲染）。

6.3 正向提示词和反向提示词

1 正向提示词和方向提示词的概念

在 Stable Diffusion 中，Positive prompt（正向提示词）和 Negative prompt（负向提示词）是指在生成图像时为模型提供的正向提示信息和负向提示信息，用于引导模型生成符合要求的图像。Positive prompt 指的是一些描述所需生成图像特征的提示信息，Negative prompt 则是一些描述不希望在图像中出现的特征的提示信息。简单来说，正向提示词是用来描述什么存在的词，而反向提示词则是用来告诉 Stable Diffusion 哪些元素不需要在输出中显示。

在 Stable Diffusion Web UI 中，我们可以在 txt2img 或者 img2img 选项卡中的文本框里输入对应的正向提示词和反向提示词，如图 6-32 所示。在 Stable Diffusion 1.5 或以下的版本中，反向提示词是可选的，但是在 Stable Diffusion 2 版本中却是必须输入的。

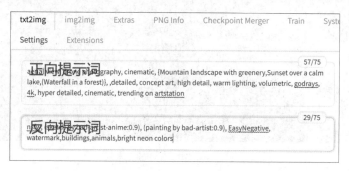

图 6-32 提示词输入框

例如，在使用 Stable Diffusion 生成一张具有自然景观的图像时，可以为模型提供以下正向提示词：Mountain landscape with greenery（山林风景）、Sunset over a calm lake（平静的湖面上的日落）、Waterfall in a forest（森林里的瀑布）。这些提示词有助于指导模型生成具有自然景观风格的图像，但是在直接使用这些提示词时，我们经常会发现有些额外的元素和物体出现在图像中，比如图 6-33 中的人造建筑物、船只或者较为夸张的人造光源等。

因此，为了避免生成一些不符合要求或意图的图像，可以提供以下反向提示词：

buildings or man-made structures（建筑物或人造结构）、people or animals（人或动物）、bright neon colors（明亮的霓虹色）、disturbing content（令人不安的内容）。

这些反向提示词有助于引导模型在生成符合要求的自然景观图像时，避免生成一些不必要或不合适的内容。

图 6-33　图像中出现额外的元素和物体

　　加上上述负向提示词后，我们就得到了如图 6-34 所示的图像，基本上符合我们对纯自然景观的要求。

　　通过在生成过程中使用正向提示词和负向提示词，可以帮助 Stable Diffusion 模型更加准确地生成符合要求的图像，并且避免生成不合适或不受欢迎的内容。

　　常用的反向提示词有：

　　blurry, bad lighting, depth of field, watermark, text, error, blurry, jpeg artifacts, cropped, worst quality, low quality, normal quality, jpeg artifacts, signature, watermark, username, artist name, (worst quality, low quality:1.4), bad anatomy, greyscale, monochrome, lowres, bad proportions（模糊，光线不好，景深，水印，文本，错误，模糊，jpeg 伪影，裁剪，最差质量，低质量，正常质量，jpeg 伪影，签名，水印，用户名，艺术家姓名（最差质量，低质量：1.4），不良解剖结构，灰度，单色，低分辨率，不良比例）。

图 6-34 加入负向提示词后生成的景观图像

2 方向提示词的用途

除了在生成过程中避免生成不合适或不受欢迎的内容外，反向提示词还有以下用途。

反向提示词的用途 1：去除图像中的元素或物体。

我们首先使用下列提示词生成一幅城市中花朵的图像。

提示词：Summer in city, vibrant, colorful, energy, neon lights, street art, food stalls, skyscrapers, cherry blossoms, music, fashion, nightlife, waterfront, reflections, temples, gardens, anime, by Ilya Repin（夏天的城市，充满活力，色彩缤纷，能源，霓虹灯，街头艺术，小吃摊，摩天大楼，樱花，音乐，时尚，夜生活，海滨，倒影，花园，动漫，伊利亚·列宾）。

生成的图像效果如图 6-35 所示。

如果我们想将图像中的行人去除掉以获得一幅纯静态景观图像，除了可以使用 Inpaining 的方式进行重绘外，还可以使用方向提示词的方法。在方向提示词中加入 people，如果效果不够显著的话，还可以给 people 添加一个权重，这里使用（people:1.6），生成的图像效果如图 6-36 所示。

图 6-35　生成的景观图像

图 6-36　去除图像中的行人后的效果

反向提示词的用途2：对图像进行微调。

首先使用下列提示词生成一幅图像。

提示词：animation girl wearing Cyberpunk intricate streetwear riding dirt bike, respirator, detailed portrait, cell shaded, 4K, concept art, cinematic dramatic atmosphere, sharp focus, high detail, warm lighting, volumetric, studio quality（1个穿着赛博朋克的街头服装的动画女孩骑着越野车，呼吸器，详细的肖像，细胞阴影，4K，概念艺术，电影戏剧氛围，锐利的焦点，高细节，温暖的灯光，体积，工作室质量）。

生成的图像效果如图 6-37 所示。

图 6-37 生成的图像效果

在这里，我们发现生成的人物头像的头发很飘逸，因此想要将头发变得更加直一些。

我们尝试在反向提示词里输入 windy（有风的），将图像重新生成一遍，结果如图 6-38 所示，发现飞扬的发丝已经不见了。

类似地，可以通过反向提示词来实现对生成人物的面部进行微调。下面以一幅莫奈风格的女士图像为例来进行演示。

图 6-38 对图像进行微调后的效果

首先使用下面提示词生成一幅莫奈风格的女士图像。

提 示 词：art by Claude Monet, {cute white girl with red hair standing on the roadside},4K, detailed, fantasy vivid colors, sun light（克劳德·莫奈的艺术作品，{可爱的红发白人女孩站在路边}，4K，细致，幻想鲜艳的色彩，阳光）。

生成的图像效果如图 6-39 所示。

图 6-39 莫奈风格的女士图像

我们对面部进行微调，使图像中的女生显得更加成熟。尝试使用（underage:1.5）作为反向提示词，重新生成的图像如图 6-40 所示。

图 6-40 微调后重新生成的图像

同样地，如果我们想实现图像锐化效果，除了可以在正向提示词中添加 sharp、focus 等关键字外，也可以通过在反向提示词中使用 blurry 来实现类似效果。

锐化的图像效果如图 6-41 所示。

图 6-41 锐化的图像效果

接下来，如果我们想隐藏耳朵，那么可以将 ear 加入反向提示词，如果觉得效果不明显，则可以增加 ear 的权重，即 (ear:1.8)。如果发现图像失真或变形，那么可以尝试使用关键词切换方法 [the:(ear:1.8):0.6]，其中 the 为无效提示词，(ear:1.8) 表示将 ear 的权重设定成 1.8，默认 sampling steps 为 20 步，这里的 0.6 表示 60% 的步数（即 1～12 步）使用无效提示词 the，12～20 步使用 (ear:1.8) 作为反向提示词，这种方式可以保持图像的结构，从而避免图像失真。

得到的效果如图 6-42 所示。

图 6-42 隐藏耳朵后的图像效果

如果想改写正向提示词中已经指定的风格，例如想得到类似照相写实主义的图像，使得人物主题更加真实，那么就在反向提示词中输入 painting 或 cartoon 等，生成的图像效果如图 6-43 所示。

图 6-43 照相写实主义的图像

6.4 人物服装类提示词

AI 图像生成技术正在颠覆娱乐行业中的角色设计创作过程。随着 Stable Diffusion 的引入，设计师可以创建具有独特特征和独特外观的 AI 图像。该技术释放了设计师的创造潜力，为设计师提供了以前难以想象的控制和细节。

当我们设计人物角色时，服装的细节设定成为是否可以成为成熟方案的标准之一。常见的服装描述如表 6-4 所示。

表6-4 常见的服装描述

分 类	服 装	描 述 词
Tops（上衣）	T-shirts（T恤），blouses（女衬衫），sweaters（毛衣），hoodies（连帽衫）	fitted（合身的），flowy（飘逸的），striped（条纹的），knit（针织的）
Bottoms（下装）	pants（长裤），shorts（短裤），skirts（裙子），jeans（牛仔裤）	high-waisted（高腰的），pleated（褶皱的），distressed（破洞的），denim（牛仔布的）
Dresses（裙装）	maxi（长款），midi（中长款），mini（短款），a-line（a字型）	floral（花卉的），sleeveless（无袖的），ruffled（褶边的），chiffon（雪纺的）
Outerwear（外套）	jackets（夹克），coats（大衣），blazers（西装外套），parkas（棉袄）	woolen（羊毛的），leather（皮革的），waterproof（防水的），puffer（棉衣的）
Activewear（运动装）	athletic shorts（运动短裤），leggings（紧身裤），sports bras（运动内衣），tank tops（背心）	breathable（透气的），moisture-wicking（吸湿排汗的），stretchy（有弹性的），compression（紧身的）
Swimwear（泳装）	bikinis（比基尼），one-piece swimsuits（单件泳衣），board shorts（沙滩裤）	strappy（带子的），color-blocked（颜色拼接的），halter-neck（颈后系带的），quick-dry（快干的）
Underwear（内衣）	bras（胸罩），panties（女内裤），briefs（男内裤），boxers（宽松短裤）	seamless（无缝的），lacy（蕾丝的），padded（加垫的），thong（t型裤）
Sleepwear（睡衣）	pajamas（睡衣套装），nightgowns（睡袍），sleep shirts（睡衬衫）	satin（缎面的），cozy（舒适的），printed（印花的），button-down（纽扣衬衫式的）
Accessories（配饰）	hats（帽子），scarves（围巾），gloves（手套），belts（腰带），jewelry（珠宝）	chunky（粗大的），beaded（有珠子的），woven（编织的），printed（印花的）

（续表）

分　类	服　装	描　述　词
Footwear（鞋子）	sneakers（运动鞋），boots（靴子），sandals（凉鞋），flats（平底鞋），heels（高跟鞋）	patent leather（漆皮的），strappy（带子的），embellished（装饰的），ankle-length（踝部长度的）
Formalwear（正装）	suits（西装），tuxedos（燕尾服），ball gowns（晚礼服），cocktail dresses（鸡尾酒裙）	tailored（定制的），satin-lined（缎面内衬的），sequined（镶有亮片的），floor-length（拖地长的）
Workwear（职业装）	business attire（商务装），uniforms（制服）	structured（有结构的），neutral（中性的），pinstriped（有细条纹的），collared（有领子的）
Maternity Wear（孕妇装）	maternity dresses（孕妇裙），pants（裤子），tops（上衣），leggings（紧身裤）	stretchy（有弹性的），adjustable（可调节的），belly-hugging（贴身舒适的），flowy（宽松飘逸的）
Plus Size（大码装）	clothing designed for plus-sized individuals（专为大码人群设计的服装）	flattering（修身的），curve-hugging（紧身修饰曲线的），bold-printed（大胆印花的），comfy（舒适的）
Children's Wear（儿童装）	clothing designed for kids and infants（专为儿童和婴儿设计的服装）	playful（活泼的），whimsical（异想天开的），cartoon-printed（卡通图案的），soft（柔软的）

　　下面我们按照服装的类别来分别进行介绍。这里选择一个模特来试穿我们的衣服，通过下述提示词模板来尝试不同的服装搭配。

　　提示词：[by artists], [art style], full body portrait of pretty girl, wearing [clothing description]（[由艺术家创作]，[艺术风格]，美丽女孩的全身肖像，穿着 [服装描述]）。

　　得到的不同服装的对照效果图如图 6-44 所示。

图 6-44　不同服装的效果图

第一组服装组合的提示词如表 6-5 所示。

表6-5 第一组服装组合的提示词

英文描述	中文描述
Fitted black blazer	合身黑色西装外套
High-waisted black pants	高腰灰色裤子
Striped blouse	条纹衬衫
Ankle-length leather boots	踝靴款式的皮靴
Chunky beaded necklace	粗链珠宝项链

生成的效果图如图 6-45 所示，基本上符合我们描述的内容。

图 6-45 第一组服装组合的效果

第二组服装组合的提示词如表 6-6 所示。

表6-6 第二组服装组合的提示词

英文描述	中文描述
Sleeveless black dress	无袖黑色连衣裙
Woolen camel-colored coat	毛呢驼色外套
Embellished black flats	装饰黑色平底鞋
Printed scarf	印花围巾

生成的效果图如图 6-46 所示。

图 6-46 第二组服装组合的效果图

第三组服装组合的提示词如表 6-7 所示。

表6-7 第三组服装组合的提示词

英文描述	中文描述
Pinstriped collared shirt	细条纹领衬衫
Pleated skirt	褶皱深蓝色裙子
Neutral-toned blazer	中性色西装外套
Ankle-length boots	到踝靴的靴子
Printed belt	印花腰带

生成的效果图如图 6-47 所示。

图 6-47 第三组服装组合的效果

第四组服装组合的提示词如表 6-8 所示。

表6-8 第四组服装组合的提示词

英文描述	中文描述
Satin-lined black blazer	内衬有缎子的黑色西装外套
Flattering black pants	修身的黑色裤子
Soft pink blouse	柔和的粉色衬衫
Patent leather pumps	皮革高跟鞋
Delicate silver necklace	精致的银色项链

生成的效果图如图 6-48 所示。

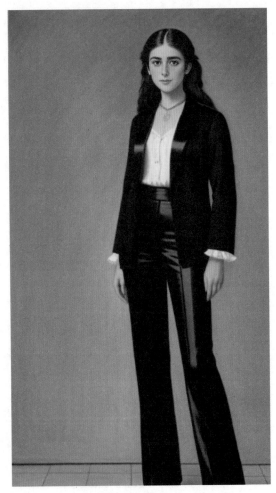

图 6-48 第四组服装组合的效果

第五组服装组合的提示词如表6-9所示。

表6-9 第五组服装组合的提示词

英文描述	中文描述
Tailored gray suit	灰色套装
Strappy black heels	细带黑色高跟鞋

生成的效果图如图6-49所示。

图6-49 第五组服装组合的效果

第六组服装组合的提示词如表 6-10 所示。

表6-10 第六组服装组合的提示词

英文描述	中文描述
Flowy chiffon blouse	流畅的雪纺衬衫
Curve-hugging black pencil skirt	紧身的黑色铅笔裙
Bold-printed pumps	大胆印花的高跟鞋
Beaded bracelet	串珠手镯

生成的效果图如图 6-50 所示。

图 6-50 第六组服装组合

第七组服装组合的提示词如表 6-11 所示。

表6-11 第七组服装组合的提示词

英文描述	中文描述
Neutral-toned collared shirt	中性色领衬衫
Stretchy black pants	黑色弹力裤
Structured blazer	西装外套
Ankle-length boots	到踝靴的靴子

生成的效果图如图 6-51 所示。

图 6-51 第七组服装组合的效果

第八组服装组合的提示词如表 6-12 所示。

表6-12 第八组服装组合的提示词

英文描述	中文描述
Satin-lined blazer	内衬有缎子的黑色西装外套
High-waisted pencil skirt	高腰铅笔裙
Soft pink blouse	柔和的粉色衬衫
Strappy black heels	皮革细带高跟鞋
Chunky statement necklace	粗链珠宝项链

生成的效果图如图 6-52 所示。

图 6-52 第八组服装组合的效果

第九组服装组合的提示词如表 6-13 所示。

表6-13 第九组服装组合的提示词

英文描述	中文描述
Fitted black dress	合身黑色连衣裙
Woolen camel-colored coat	毛呢驼色外套
Patent leather ankle boots	专利皮革踝靴
Delicate silver bracelet	精致的银色手镯

生成的效果图如图 6-53 所示。

图 6-53 第九组服装组合的效果图

第十组服装组合的提示词如表 6-14 所示。

表6-14 第十组服装组合的提示词

英文描述	中文描述
Flowy printed blouse	印花的飘逸衬衫
Curve-hugging navy pencil skirt	紧身深蓝色铅笔裙
Embellished black flats	装饰黑色平底鞋
Beaded necklace	珠宝项链

生成的效果图如图 6-54 所示。

图 6-54 第十组服装组合的效果

在使用Stable Diffusion制作时装搭配时，衣服的材质和色彩也是非常重要的因素，它们对整体穿搭效果的影响是不可忽视的。

首先，衣服的色彩也是整体穿搭效果的关键之一。不同颜色的衣服会给人不同的感受，比如黑色衣服会让人看起来更加成熟和稳重，而粉色则会让人看起来更加温柔和女性化。此外，不同颜色的衣服还能够配合不同的肤色和发型，营造出更加动人的视觉效果。因此，在制作时装搭配时，需要根据所塑造人物的肤色、发型和场合选择不同颜色的衣服，以达到最佳的整体效果。

其次，衣服的材质对整体穿搭效果也有很大的影响。不同材质的衣服会有不同的质感，这会直接体现在不同光照条件下的服饰的光泽程度。比如，丝绸面料的衣服会给人一种柔软舒适的感觉，而皮革面料的衣服则更显得硬朗有型，这两种材质的衣服穿在身上会给人截然不同的感觉。

表6-15列出了不同衣服材质的中英文对照。

表6-15 不同衣服材质的中英文对照表

英文材质	中文材质
chiffon	雪纺
cotton	棉布
crepe	绉纱
denim	牛仔布
lace	蕾丝
leather	皮革
linen	亚麻布
spandex	弹力纤维
silk	丝绸
wool	羊毛

下面介绍不同材质对制图效果的影响。

使用下列提示词模板生成不同材质表现下的人物图像。

提示词：art by Claude Monet, full body portrait of pretty girl with long hair, {wearing Flowy printed blouse, Curve-hugging navy pencil skirt, Embellished black flats, Beaded necklace}（克劳德·莫奈的艺术作品，1个长发美女的全身肖像，{穿着飘逸的印花衬衫，贴身的铅笔裙，镶有珠子的黑色平底鞋，珠宝项链}）。

这里针对裤子的材质进行调整，结果如图6-55所示。从图中可以看出，基本上符合我们对不同材质的感官要求。

图 6-55 不同材质的衣服的效果

6.5 角色铠甲类提示词

铠甲是角色最重要的装备之一。不同的铠甲材质和设计可以给角色带来不同的外观和功能。在不同描述词下，角色铠甲的效果会有所不同。

首先，使用描述词 leather（皮革）使铠甲看起来轻盈、光滑且富有弹性和流线型，给人一种角色可以快速移动和保持敏捷的感觉。其次，使用 chainmail 使铠甲看起来坚固、耐用、粗犷且具有抗冲击的特点，适合承受大量攻击并保持耐久。再次，使用 carbon fiber 使铠甲看起来高科技、智能、未来主义且具有可定制的复合材料特性，这种铠甲适合需要先进科技并在战斗中保持技术优势的角色。最后，使用 steel 使铠甲看起来大胆、耀眼、吸引眼球，具有金属质感和闪闪发光的效果，这种铠甲适合具备显眼外观的角色。总的来说，不同的描述词可以对角色铠甲的外观和功能产生不同的影响。这里整理了不同类别铠甲的描述，如表 6-16 所示。

表6-16 角色铠甲的描述

类　别	描述词
Texture（质地）	rugged（坚固的），polished（抛光的），hammered（锤打的），etched（蚀刻的），scaled（鳞状的），ridged（带脊的），embossed（浮雕的），grooved（有槽的），stippled（点刻的），chiseled（雕刻的）
Color（颜色）	gleaming（闪闪发光的），matte（呈哑光的），metallic（金属光泽的），iridescent（彩虹色的），burnished（磨光的），gilded（镀金的），tarnished（变色的），patinated（陈旧的），gunmetal（枪口色的），bronzed（古铜色的）
Protection（保护）	reinforced（加固的），impenetrable（难以穿透的），durable（耐用的），resilient（弹性的），sturdy（结实的），fortified（坚固的），unyielding（不屈的），robust（健壮的），solid（坚实的），invincible（无敌的）
Style（风格）	ornate（华丽的），sleek（流线型的），streamlined（流畅的），elegant（优雅的），classic（古典的），modern（现代的），rugged（粗犷的），simple（简单的），intricate（复杂的），futuristic（未来派的）

（续表）

类　别	描　述　词
Weight （重量）	lightweight（轻便的），heavy（重的），cumbersome（笨重的），manageable（易于处理的），unwieldy（难以控制的），balanced（平衡的），streamlined（流线型的），weighty（分量重的），agile（敏捷的）
Material （材料）	leather（皮革的），chainmail（铁网甲的），steel（钢的），titanium（钛金属的），ceramic（陶瓷的），kevlar（凯夫拉的），carbon fiber（碳纤维的），adamantium（亚当antium的），mithril（米瑟里尔的），dragonhide（龙皮的）
Usage （用途）	battle-ready（战斗准备的），ceremonial（庆典用的），decorative（装饰用的），functional（功能性的），ornamental（装饰性的），practical（实用的），ceremonial（庆典用的），regal（帝王般的），intimidating（令人生畏的），imposing（令人印象深刻的）
Age（年龄）	ancient（古老的），antique（古董的），vintage（古老的），modern（现代的），contemporary（当代的），futuristic（未来的），medieval（中世纪的），renaissance（文艺复兴的），Victorian（维多利亚的），art deco（装饰艺术风格的）
Size（尺寸）	form-fitting（合身的），oversized（过大的），bulky（笨重的），petite（娇小的），slimline（纤细的），miniature（微型的），hulking（笨重的），colossal（巨大的），compact（紧凑的），substantial（充实的）
Functionality （功能性）	adaptable（适应性强的），versatile（多用途的），high-tech（高科技的），smart（智能的），responsive（反应灵敏的），tactical（战术的），integrated（综合的），modular（模块化的），customizable（可定制的），ergonomic（人体工程学的）

下面举例说明不同提示词下的角色铠甲的不同效果，如图 6-56 所示。

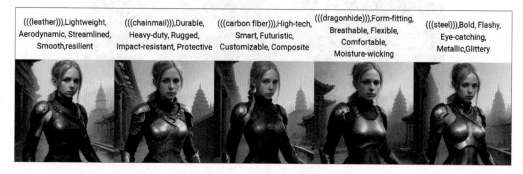

图 6-56 不同角色铠甲的效果

第一组人物盔甲组合

提示词：eather, lightweight, aerodynamic, streamlined, smooth, resilient, protective（皮革，轻便，空气动力学，流线型，光滑，有弹性，保护性）。

说明：

- leather、lightweight 和 aerodynamic：皮革材料通常比其他装甲材料轻便，且可以通过过处理来提高其空气动力学特性，使其在高速运动时减少阻力。
- streamlined 和 smooth：皮革材料表面光滑，可以减少阻力和噪声，并具有流线型设计，能提高穿着者的速度和敏捷性。
- resilient：皮革材料韧性强，可以经受住磨损和撕裂，具有一定的耐磨性。
- protective（保护性）：皮革材料可以提供一定的切割和刮擦防护，但对于重型攻击的保护力较低。

生成的效果图如图 6-57 所示。

图 6-57　第一组人物盔甲组合的效果图

第二组人物盔甲组合

提示词：chainmail, durable, heavy-duty, rugged, impact-resistant, protective（锁子甲，耐用，重型，坚固，抗冲击，保护性）。

说明：

- protective、durable 和 heavy-duty：锁子甲由金属环环相扣而成，可以提供极强的耐用性和防护力。
- rugged：锁子甲外观粗犷，让人觉得它很坚固且能承受重压。
- impact-resistant 和 protective：锁子甲可以提供出色的抗冲击和刺穿防护，能够有效地保护穿着者免受攻击伤害。

生成的效果图如图 6-58 所示。

图 6-58 第二组人物盔甲组合的效果图

第三组人物盔甲组合

提示词：carbon fiber, high-tech, smart, futuristic, customizable, composite（碳纤维，高科技，智能，未来感，可定制，复合材料）。

说明：

- carbon fiber、high-tech 和 smart：碳纤维是一种高科技材料，具有智能化的特性，可以与电子设备和传感器等技术相结合。

- futuristic：碳纤维外观呈现出一种未来感和现代感。
- customizable：碳纤维可以根据不同的形状和设计进行定制，使得每个人都可以拥有自己独特的碳纤维装甲。
- composite：碳纤维是一种复合材料，可以提供出色的防护力，同时还具有轻质化的优点。

生成的效果图如图 6-59 所示。

图 6-59 第三组人物盔甲组合的效果图

第四组人物盔甲组合

提示词：dragonhide, form-fitting, breathable, flexible, comfortable, moisture-wicking（龙皮，贴身，透气，柔韧，舒适，吸湿排汗）。

说明：

- dragonhide、form-fitting 和 flexible：龙皮可以根据穿着者的身体形状贴身穿着，并具有一定的弹性，使得穿着者在行动时更为自由灵活。
- breathable 和 moisture-wicking：龙皮具有良好的透气性和湿气排出能力，使得穿着者可以保持干爽和舒适。

- comfortable：龙皮柔软舒适，穿戴者可以长时间穿着而不会感到不适。
- protective：龙皮可以提供一定的切割和刮擦防护，但对于重型攻击的保护力较低。

生成的效果图如图 6-60 所示。

图 6-60　第四组人物盔甲组合的效果图

第五组人物盔甲组合

提示词：steel, bold, flashy, eye-catching, metallic, glittery（钢铁，大胆，夺目，引人注目，金属质感，闪闪发光）。

说明：

- steel、bold 和 flashy：钢铁装甲外观具有强烈的视觉冲击力，让人印象深刻。
- eye-catching：钢铁装甲的外观可以吸引人们的注意力，使得穿着者在战斗中更容易被注意到。
- metallic 和 glittery：钢铁装甲具有金属质感，可以让穿着者呈现出强烈的金属感和威慑力，同时还具有一定的闪光效果。
- protective：钢铁装甲可以提供出色的防护力，能够有效保护穿着者免受攻击伤害，但钢铁装甲比较重，对于移动和速度方面的限制较大。

生成的效果图如图 6-61 所示。

图 6-61 第五组人物盔甲组合的效果图

6.6 动物图像的生成

本节我们以动物图像的绘制为例，介绍相关提示词的使用。

6.6.1 老虎

使用如下提示词绘制老虎：

正向提示词：a (((nature photograph))) of 1 tiger, realistic fur texture, orange (((markings))), (((orange stripes))), ((black base fur color)), ((white cheeks)), Macro, specular lighting, dslr, ultra quality, sharp focus（1 只老虎的 ((自然照片))，逼真的皮毛纹理，橙色 ((标记))，((橙色条纹))，((黑色基本毛色))，((白色脸颊))，宏观，镜面照明，dslr，超高质量，尖锐的焦点）。

其他相关参数设置如下：

Sampling steps 设置为 20，Sampling method 设置为 DPM++ SDE Karras，CFG scale 设置为 7，Seed 设置为 2804440557，分辨率设置为 403×716，Model hash 设置为 6ce0161689，Model 设置为 v1-5-pruned-emaonly，如图 6-62 所示。

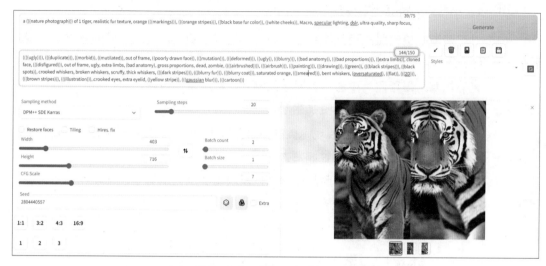

图 6-62 使用的提示词及相关设置

绘制的老虎效果图如图 6-63 所示。

图 6-63 老虎效果图

6.6.2 鸟类

摄影照片中鸟类的特点可以概括为以下几点：

（1）细节清晰：摄影照片通常能够捕捉到鸟类的微小细节，例如羽毛的花纹、眼睛的明亮度和喙的形态等，使鸟类的形象更加真实。

（2）色彩丰富：摄影照片中的鸟类通常能够展现出丰富的色彩，包括羽毛的颜色、眼睛的亮度、喙和爪的颜色等，使鸟类更加生动。

（3）姿态生动：摄影照片能够展现鸟类的不同姿态和动作，例如展翅飞翔、啄食觅食、玩耍休息等，能表现出鸟类的特有习性和活力。

（4）背景和环境：鸟类的摄影照片通常可以反映鸟类所处的背景和环境，例如天空、水面、枝桠和石头等，从而呈现出更多元化和真实的场景。

使用如下提示词绘制鸟类图像。

正向提示词：Cinematic shot of ((taxidermy canary)) inside an flower shop, glass, crystal,colorful, trending in artstation,4K, realistic,studio quality,cinematic lighting（花店内的电影镜头（（标本金丝雀）），玻璃，水晶，五颜六色，在 ArtStation 中流行，4K，现实派，工作室品质，电影照明）。

反向提示词：Photoshop, video game, ugly, tiling, poorly drawn hands, poorly drawn feet, poorly drawn face, out of frame, mutation, mutated, extra limbs, extra legs, extra arms, disfigured, deformed, cross-eye, body out of frame, blurry, bad art, bad anatomy, 3d render（Photoshop,视频游戏,丑陋,瓷砖,手画得不好,脚画得不好,脸画得不好,出格,变异,突变,额外的四肢,额外的腿,额外的手臂,毁容,变形,交叉眼,身体出格,模糊,坏的艺术,坏的解剖学,3D 渲染）。

其他相关参数设置如下：

Sampling steps 设置为 20，Sampling method 设置为 DPM++ SDE Karras，CFG scale 设置为 7，Seed 设置为 1188686812，分辨率设置为 512×512，Model hash 设置为 6ce0161689，Model 设置为 v1-5-pruned-emaonly。

绘制的鸟类效果图如图 6-64 所示。

铅笔画笔触干净、流畅，既能勾勒出简洁明了的形态，同时又不失生动感和变化性，通常具有明快、纯净的特点，常常使用明亮色块使作品富有活力和生命力。下面就来绘制铅笔画鸟类图。

图 6-64 鸟类效果图

使用的提示词有：

正向提示词：Cockatoo illustration, Matt adrian, pencil drawing, black ink on white paper, Cinematic shot（鹦鹉插图，马特·阿德里安，铅笔素描，黑色墨水在白色纸上，电影般镜头）。

反向提示词：Photoshop, video game, ugly, tiling, poorly drawn hands, poorly drawn feet, poorly drawn face, out of frame, mutation, mutated, extra limbs, extra legs, extra arms, disfigured, deformed, cross-eye, body out of frame, blurry, bad art, bad anatomy, 3d render（Photoshop，视频游戏，丑陋，瓷砖，手画得不好，脚画得不好，脸画得不好，出格，变异，突变，额外的四肢，额外的腿，额外的手臂，毁容，变形，交叉眼，身体出格，模糊，坏的艺术，坏的解剖学，3D渲染）。

其他相关参数设置如下：

Sampling steps 设置为 20，Sampling method 设置为 DPM++ SDE Karras，CFG scale 设置为 7，Seed 设置为 324894650，分辨率设置为 512×512，Model hash 设置为 6ce0161689，Model 设置为 v1-5-pruned-emaonly。

绘制的铅笔画鸟类图如图 6-65 所示。

图 6-65 铅笔画鸟类图

6.6.3 狮子

在使用 Stable Diffusion 绘制野生动物时，可以加入 National Geographic Wildlife photo of the year（年度国家地理野生动物照片）或者 Wildlife photography contest（野生动物摄影比赛）来增强画面的质感。例如使用下列提示词绘制一只狮子：

正向提示词：National Geographic Wildlife photo of the year, 1 lion near the river, morning light, ambient light, depth of field, specular lighting, dslr, ultra quality, sharp focus, trending on artstation, 4K ultra quality（年度国家地理野生动物照片，1 只狮子在河边，晨光，环境光，景深，镜面照明，单反相机，超品质，锐利焦点，在 ArtStation 上流行，4K 超品质）。

反向提示词：Photoshop, video game, ugly, tiling, poorly drawn hands, poorly drawn feet, poorly drawn face, out of frame, mutation, mutated, extra limbs, extra legs, extra arms, disfigured, deformed, cross-eye, body out of frame, blurry, bad art, bad anatomy, 3d render（Photoshop，视频游戏，丑陋，瓷砖，手画得不好，脚画得不好，脸画得不好，出格，变异，突变，额外的四肢，额外的腿，额外的手臂，毁容，变形，交叉眼，身体出格，模糊，坏的艺术，坏的解剖学，3D 渲染）。

其他相关参数设置如下：

Sampling steps 设置为 20，Sampling method 设置为 DPM++ SDE Karras，CFG scale 设置为 7，Seed 设置为 2144581374，分辨率设置为 512×512，Model hash 设置为 6ce0161689，Model 设置为 v1-5-pruned-emaonly。

绘制的狮子效果图如图 6-66 所示。

图 6-66 狮子效果图

6.6.4 凤凰

由于凤凰不属于写实类型的动物，因此需要使用其他艺术风格——Digital art（数字艺术风格）。Digital art 使用计算机软件和硬件进行创作，有着自身的独特之处。首先，Digital art 通常使用计算机或其他数字产品的色彩模式，能够表现出更加丰富多彩和鲜艳的颜色，同时也可以实现更精细的细节表现。其次，Digital art 的创作过程可以融合多种不同的技术和媒介，如 3D 模型制作、音乐、动态效果等，从而实现更具创新性和独特性的艺术形式。总之，Digital art 作为新兴的艺术形式，不断地扩展着艺术表现的界限，具有多样性、色彩丰富和创新性等特点，为艺术家提供了更加广阔的创作空间和表达方式。

使用下列提示词绘制凤凰：

正向提示词：1 (((phoenix))) flying over the river,digital art, ((sparking eyes)), ambient light, depth of field,specular lighting, dslr, ultra quality, sharp focus,trending on artstation,4K ultra quality, sharp focus（1 只 (((凤凰)) 飞过河流，数字艺术，((闪光的眼睛))，环境光，景深，镜面照明，数码相机，超质量，在 ArtStation 上流行，4K 超品质，锐化）。

反向提示词：Photoshop, video game, ugly, tiling, poorly drawn hands, poorly drawn feet, poorly drawn face, out of frame, mutation, mutated, extra limbs, extra legs, extra arms, disfigured, deformed, cross-eye, body out of frame, blurry, bad art, bad anatomy, 3d render（Photoshop,视频游戏,丑陋,瓷砖,手画得不好,脚画得不好,脸画得不好,出格,变异,突变,额外的四肢,额外的腿,额外的手臂,毁容,变形,交叉眼,身体出格,模糊,坏的艺术,坏的解剖学,3D 渲染）。

其他相关参数设置如下：

Sampling steps 设置为 20，Sampling method 设置为 DPM++ SDE Karras，CFG scale 设置为 7，Seed 设置为 452662180，分辨率设置为 512×512，Model hash 设置为 6ce0161689，Model 设置为 v1-5-pruned-emaonly。

绘制的凤凰效果图如图 6-67 所示。

图 6-67 凤凰效果图

6.6.5 熊猫

常用的描述熊猫的关键词有 black-and-white（黑白相间的）、cute（可爱的）、furry（毛茸茸的）、playful（好玩的）、bamboo-loving（喜欢吃竹子的）、charismatic（有魅力的）、

cuddly（可爱的）、round（圆圆的）、docile（温顺的）、gentle（温柔的）、adorable（可爱的）、peaceful（平和的）、innocent（天真的）、bamboo-munching（嗑竹子的）、chubby（圆胖的）、 unique（独特的）、iconic（标志性的）、majestic（威严的）、graceful（优美的）。

使用下列提示词绘制熊猫图像。

正向提示词：National Geographic Wildlife photo of the year, 1 panda eating bamboo shoots, ambient lighting,ultra details,4K,trending on artstation（国家地理野生动物年度照片，一只熊猫正在吃竹笋，环境光线，超细节，4K，在 Artstation 上流行）。

反向提示词：Photoshop, video game, ugly, tiling, poorly drawn hands, poorly drawn feet, poorly drawn face, out of frame, mutation, mutated, extra limbs, extra legs, extra arms, disfigured, deformed, cross-eye, body out of frame, blurry, bad art, bad anatomy, 3d render（Photoshop，视频游戏，丑陋，瓷砖，手画得不好，脚画得不好，脸画得不好，出格，变异，突变，额外的四肢，额外的腿，额外的手臂，毁容，变形，交叉眼，身体出格，模糊，坏的艺术，坏的解剖学，3D 渲染）。

其他相关参数设置如下：

Sampling steps 设置为 20，Sampling method 设置为 DPM++ SDE Karras，CFG scale 设置为 7，Seed 设置为 412916925，分辨率设置为 512×512，Model hash 设置为 6ce0161689，Model 设置为 v1-5-pruned-emaonly。

生成的熊猫效果图如图 6-68 所示。

图 6-68 熊猫效果图

6.7 参数的使用

在 Stable Diffuse 中，有几个参数对于生成图像有着重要影响，它们是 CFG Scale、sampling method、Seed、Steps 和分辨率。

6.7.1 CFG Scale（提示词引导系数）

CFG Scale 是一种用于图像稳定扩散算法的参数，控制着扩散算法中的模糊程度和边缘保留程度。在扩散过程中，一个像素的新值是由周围像素的加权平均值计算得出的，其中权重是根据像素之间的距离和相似度计算的。CFG Scale 决定了相似度权重的放大倍数，从而影响了扩散算法的模糊程度和边缘保留程度。

较小的 CFG Scale 值会导致扩散过程中相似度权重被放大，从而增加了算法对图像细节的保留程度，使图像更加锐利，但也可能增加噪声的影响，导致图像更加粗糙。较大的 CFG Scale 值会减小相似度权重的影响，从而使得算法更加平滑，降低了噪声的影响，但也会导致图像边缘变得模糊，失去细节。以下示例展示不同的 CFG Scale 值对于图像质量的影响。

首先，使用提示词来生成一幅穿着 T 恤和牛仔裤的女士图像：

正向提示词：a woman posing for a photo, wearing a T-shirt and jeans, (CONTEMPORARY_ STYLE), (high detailed skin:1.2), (film grain)（1 个女士摆姿势拍照，穿着 T 恤和牛仔裤，(当代风格),(高细节皮肤: 1.2),(电影颗粒效果))。

生成的图像如图 6-69 所示。

图 6-69 生成的图像

然后，使用不同的 CFG Scale 值进行稳定扩散，得到的结果如图 6-70 所示。

图 6-70 使用不同的 CFG Scale 值进行稳定扩散得到的结果

由图中可以看出，CFG Scale 值较小时，图像的细节得到了很好的保留，但也增加了噪声的影响；CFG Scale 值较大时，图像边缘变得更加平滑，但也失去了细节，提高 CFG Scale 的值会造成画面饱和度增加。因此，CFG Scale 值需要根据具体的应用场景和需求进行选择。默认情况下，CFG Scale 取值为 7 时有着较好的平衡。

6.7.2 Sampling method（采样方法）

Stable Diffusion 是一种基于扩散过程的生成模型，通过在低维度的潜空间上运行扩散过程，而不是在像素空间中进行计算，来降低内存和计算成本。它采用了 Latent diffusion 的实现方式来解决计算代价高昂的问题。在 Latent diffusion 中，使用扩散过程来学习潜在空间的分布，再通过逆变换将其映射回像素空间中生成图像。Stable Diffusion 基于这一思想，采用扩散过程对隐空间进行模拟，并通过反卷积将生成的图像映射回像素空间。这种方式有效地减少了计算成本，同时在生成高质量图像方面也取得了很好的效果。

在 Stable Diffusion 中，Sampling method 是一种用于生成样本的方法。这种方法主要通过对潜在空间进行随机采样来生成一组不同的潜在向量，并将这些潜在向量映射回像素空间，生成相应的图像。这个过程被称为采样，采样是生成模型的核心之一。Stable Diffusion 的采样方法包括 Euler、Euler_a、DPM++ 2M Karras 等，其中，Euler 和 Euler_a 是常用的采样方法，DPM++ 2M Karras 是一种新的采样方法。

不同的采样方法可能会产生不同的图像效果，同时也会影响到生成的速度和稳定性。

DPM++ 2M Karras 是一种基于多分辨率分形噪声的采样方法，主要思想是从一组较低分辨率的潜在向量出发，利用多分辨率分形噪声不断细化潜在向量，最终生成高分辨率的图像。这个方法在生成高分辨率图像时具有很好的效果，并且可以保持较高的稳定性。同时，这个方法也具有很好的可扩展性，可以在不同的硬件平台上高效地实现。

与此相比，Euler 和 Euler_a 的优点是简单易实现，并且可以在较低的计算成本下生成高质量的样本。但是，这两种方法也存在一些缺点，例如会产生比较明显的棋盘格效应，对图像质量的影响较大。此外，这两种方法也相对较慢，不能很好地处理大规模数据集的生成任务。

以下示例展示相同提示词输入条件下，选择不同的 Sampling method 对最终输出图像的影响。

正向提示词：1 girl, long hair, upper body, facing to the camera, studio lighting, cinematic, long shot, Canon, EE 70mm, low angle, UHD, hyper detailed, 4K（1 个女孩，长发，上半身，面向镜头，演播室灯光，电影级，长镜头，佳能，EE 70mm，低角度，超高清，超详细，4K）。

选择不同的 Sampling method 输出的图像如图 6-71 所示。

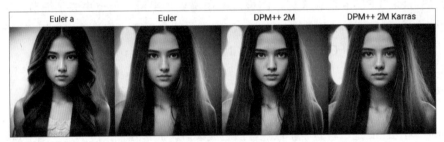

图 6-71 相同提示词下不同的 Sampling method 的输出图像

其他采样方法包括 k_lms、k_dpm_2_a、k_dpm_2、k_euler_a、k_euler 和 k_heun。这些方法使用随机梯度下降算法的变化来模拟图像中像素之间的关系，并近似描述图像随时间演变的微分方程的解。

选择使用哪种方法取决于正在生成的图像的具体特征。某些方法对于特定类型的图像或数据集可能更有效或更准确，而其他方法可能会产生更高质量的结果，但需要更多的计算资源。建议尝试不同的方法和设置，以确定哪种方法最适合特定的用例。

就具体应用而言，我们已经注意到 k_euler_a 和 k_dpm_2_a 可以产生更像动漫或卡通风格的图像。此外，如仅需要得到可用结果，则 k_euler_a，k_euler 和 DDIM 可能会在较短时间内产生可用结果。总的来说，如何选择采样方法取决于用户的具体需求和生成图像的期望结果。

基于不同 steps 和采样方法生成的对照图如图 6-72 所示。

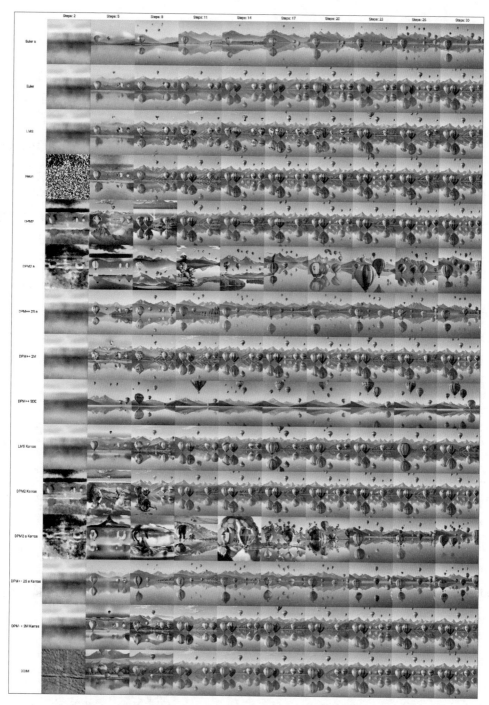

图 6-72 基于不同 steps 和采样方法生成的对照图

6.7.3 Seed（种子）

Seed 是用来初始化一幅唯一的噪点图像的一串数字。在 Stable Diffusion 图像生成的背景下，seed 是指用于生成图像的初始噪声模式。Stable Diffusion 算法通过重复平滑和扩散初始种子模式，同时通过使用专门设计的扩散核来保留关键的图像特征。

为了说明 Seed 在 Stable Diffusion 中的使用，我们可以考虑生成自然景观图像的示例。通过一个 64×64 分辨率的随机值介于 0 和 1 之间的噪声数组来创建一个种子，该噪声模式随后作为生成过程的起点。

Stable Diffusion 算法通过对初始噪声模式进行一系列卷积来将其应用于种子。这些卷积使用专门设计的扩散核来保留重要的图像特征，例如边缘、角落和纹理。每次算法的迭代都会生成前一个图像的新的平滑和扩散版本。

随着迭代的进行，图像变得越来越复杂和详细，初始种子成为整个图像生成的模板或基础。通过调整 Stable Diffusion 算法的各种参数，例如扩散核大小或迭代次数，可以控制生成的图像的整体外观，同时仍保留原始种子的重要特征。

因此，Seed 在 Stable Diffusion 图像生成过程中扮演了至关重要的角色，为迭代过程提供了起点，使算法可以在此基础上生成复杂而在视觉上吸引人的图像。

我们可以在 Web UI 中找到 Seed 的位置，如图 6-73 所示。Seed 文本框里显示当前的 Seed 值，在文本框右侧有两个图标，第 1 个骰子图标代表随机，当选择这个选项时，Seed 文本框里显示为 −1，每次都使用随机的 Seed 值；当选择第 2 个回收图标时，会使用上次生成图像的 Seed 值。

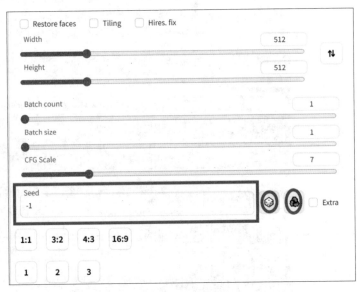

图 6-73 Seed 参数

当我们选择随机生成 Seed（Seed 值为 -1）时，每次生成的图像风格都不一样。例如以下示例：

正向提示词：1 girl, long hair, upper body, studio lighting, cinematic, Canon, EE 70mm, low angle, sepia, 4K（1 个女孩，长发，上半身，工作室灯光，电影般的视觉效果，佳能相机，70mm 焦距，低角度，深褐色，4K）。

生成的图像效果如图 6-74 所示。

图 6-74 随机 Seed 生成的效果图

我们通常使用固定的 Seed 值来锁定需要的人物或景观，以确保后续微调具备统一的外观特征。例如，假定 Seed 值为2505964179，生成的人物图像如图 6-75所示。

图 6-75 生成的人物图像

如果我们想重用这个"模特"，并对画面风格或人物头发进行调整，就可以将这个 Seed 值复制到 Seed 文本框中，对提示词进行编辑，添加项链提示词 chunky statement necklace，从而得到了一幅戴着粗珠宝项链的女士图像，如图 6-76 所示，虽然"模特"的发型有变化，但是面部和其他主要特征还是与之前图像保持一致。

图 6-76 编辑提示词后生成的人物图像

6.7.4 Sampling steps（稳定扩散）

稳定扩散是一种生成图像的技术，它可以将初始随机噪声图像转换成更具结构化和连贯性的图像。在这个过程中，Sampling steps 是指将稳定扩散应用到初始图像上的迭代次数或更新次数。

具体而言，Stable Diffusion 通过应用偏微分方程来更新图像像素值，这个方程模拟了信息在图像中的扩散过程。在稳定扩散过程中，会重复应用这个方程一定数量的步骤，每一步都会平滑图像中的噪声并创建更连贯的模式。随着步数的增加，扩散的程度会逐渐减少以保持图像的结构。

需要注意的是，在生成图像的过程中，随着每一步的迭代，AI 模型会比对提示词和当前结果并进行相应的调整。然而，并不是迭代步数越多就一定能获得更好的结果。事实上，过多的迭代步数可能会导致模型过拟合，从而降低生成图像的质量。同时，更高的迭代步数也意味着需要更多的计算时间。

另一方面，迭代步数过少也会对生成图像的质量产生不利影响。因为在每一步迭代中，模型只能考虑到有限的提示词和当前结果之间的关系，而忽略了更广泛的上下文和细节。如果过早停止迭代，模型就无法更好地学习有用的特征和规律，从而生成质量较差的图像。

因此，在选择迭代步数时需要权衡生成图像的质量和计算成本。需要找到一个平衡点，在此点上，模型能够在有限的时间内学习到足够的特征和规律，同时不会过度拟合或消耗过多的计算资源。一种常见的方法是通过试验和误差来确定最佳的迭代步数，同时还可以利用客观的评估指标来进行验证和调整。

图 6-77 是不同 steps 取值下的图像效果对比图，从图中可以看出 steps 不同取值对最终图像质量的影响：当步数较少时，图像中会存在很多噪点，图像质量较差；随着步数的增加，图像变得更加完整，细节程度也更高。

图 6-77 不同 steps 取值的图像效果

6.7.5　分辨率

分辨率即图像的画幅，用参数 width 和 height 来表示。我们在 Stable Diffusion Web UI 中可以找到预设的 width 和 height 滑动框，如图 6-78 所示，这是按照提示词生成图像的预设分辨率，默认选择是 512×512。

图 6-78 设置生成图像的分辨率

在图中右下角可以看到 4 个不同长宽比例选项，例如 1:1、3:2、4:3、16:9，它们是目前主流的图像和视频的长宽比例。

Stable Diffusion 对计算资源消耗较大，通常当我们想生成高分辨率图像时，并不直接生成高分辨率图像，而是先生成低分辨率图像，再进行 upscale。比如先生成 512×512 分辨率的图像，再 upscale 到 1024×1024 分辨率。

6.8 总结

本章首先全面解析了 Prompt 及其构成要素，并且详细探讨了正向提示词和反向提示词，以及它们在引导生成图片过程中的差异与特点。然后通过丰富的实例介绍，展示了不同组合下人物服饰效果图的对比，还有盔甲提示词在不同材质、颜色、用途和功能背景下的视觉效果差异。最后针对 Prompt 使用过程中的参数（CFG,steps）进行介绍，并展示了其对图像质量和效果的影响。

6.9 练习

（1）尝试按照书中的提示词结构组织自己的提示词并且生成图像。

（2）体验一下增加或减少权重来对图像生成效果的影响。

（3）尝试找一幅生活场景的图片，通过提示词进行重绘，并比较差异。

（4）比较不同采样方法对生成（人物）图像的影响。

第7章 Chapter

Stable Diffusion 与 ControlNet 绘画实例

AI 创意绘画与视频制作
基于 Stable Diffusion
和 ControlNet

前面6章，我们从基本原理层面介绍了 Stable Diffusion 和 ControlNet，本章将介绍如何使用 Stable Diffusion 和 ControlNet 进行绘画创作。

本章将通过几个实际的例子向读者介绍如何进行高品质图像输出，希望读者按照书中介绍的步骤进行实际的操作并熟练掌握，以达到学以致用的效果。本章的示例是当前热度较高的绘画例子——漫画图像、360°全景图像、QR二维码（该二维码可以被扫描）以及卡通风格的小屋。

7.1 通过 ControlNet 生成漫画

我们准备生成的漫画示例效果图如图 7-1 所示。

图 7-1　漫画示例效果图

生成上述图像的具体步骤如下：

步骤 01 选择背景图和前景图。使用的背景图如图 7-2 所示，这幅图展现了城市繁忙的街道、巍峨的高楼大厦和朝阳的光芒。

图 7-2 背景图像

前景图选择一个动漫英雄人物，如图 7-3 所示。读者也可以选择一个自己喜欢的角色，比如一个勇敢的超级英雄。

图 7-3 前景人物

步骤 02 移除前景人物图像的背景，获得一个 Alpha 蒙版。这里使用背景移除插件 ABG Remover 将人物主体和背景进行分离，如图 7-4 所示。得到的结果如图 7-5 所示。

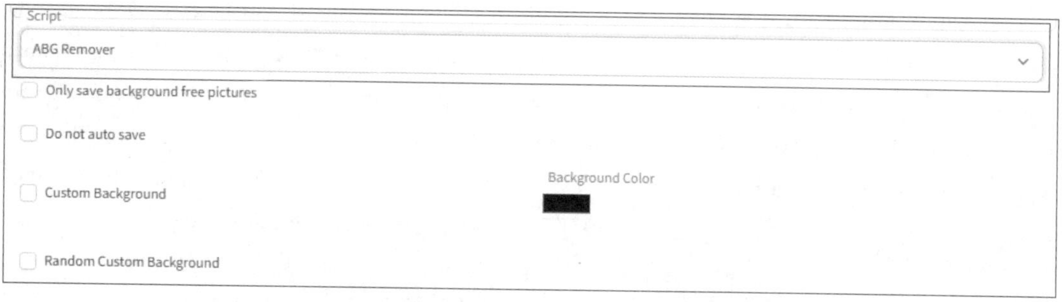

图 7-4 使用 ABG Remover 将人物主体和背景进行分离

图 7-5 获得一个前景人物的 Alpha 蒙版

步骤 03 使用 ControlNet 生成新的图像。

将步骤 02 中抠出背景的人物图像放入 ControlNet 中，Model 选择 controlnetPreTrained_hedv10，Preprocessor 选择 softedge_hed。使用 LoRA（动漫风格的 LoRA，这里使用 jim_lee_offset_right_filesize）重新生成图像。根据蒙版单独对前景人物图像进行绘制。参数设置如图 7-6 所示。

图 7-6 在 ControlNet 中设置参数，根据蒙版对前景人物图像单独进行绘制

输入正向提示词：A (full body:1.3) shot at 8K resolution, splash art, fantastic comic book style, photorealistic, intense look, anatomical photorealistic digital painting portrait of a (old male:1.3) human (warrior:1.3) in black and gold intricate (heavy armor:1.3), light particle, very detailed skin,samurai, very detailed eyes, (elden ring style:1.3), (warhammer style:1.1), concept artist, global illumination, depth of field, splash art, art by artgerm and Greg Rutkowski and viktoria gavrilenko <lora:jim_lee_offset_right_filesize:1>（一个 8K 分辨率下的（全身：1.3）镜头，泼墨艺术风格，奇幻的漫画书样式，照片般逼真的效果，强烈的视觉冲击力，描绘了一个（老年男性：1.3）人类（战士：1.3）的解剖学真实感数字绘画肖像，身穿黑色和金色精致（重装甲：1.3），带有微光粒子，皮肤细节丰富，武士形象，非常详细的眼睛（艾尔登环风格：1.3)，（战锤风格：1.1)，概念艺术家，全局光照，景深效果，泼墨艺术，由 Artgerm、Greg Rutkowski 以及 Viktoria Gavrilenko 创作的艺术品，<lora:jim_lee_offset_right_filesize:1>）。

通过 ControlNet 生成的新图像如图 7-7 所示。

图 7-7 通过 ControlNet 生成的新图像

步骤 04 在 ControlNet 中使用新图像和 Alpha 蒙版来重绘（Inpaint）背景图像。

（1）切换到 img2img 选项卡，打开 Inpaint Upload 界面，将新图像和蒙版图像拖放进 image canvas 区域，Mask mode 选择 Inpaint not masked（表示重绘蒙版外区域也即背景图像），Inpaint area 选择 Whole picture（全图重绘）方式，Denoising strength 选择 0.7~0.8，如图 7-8 所示。

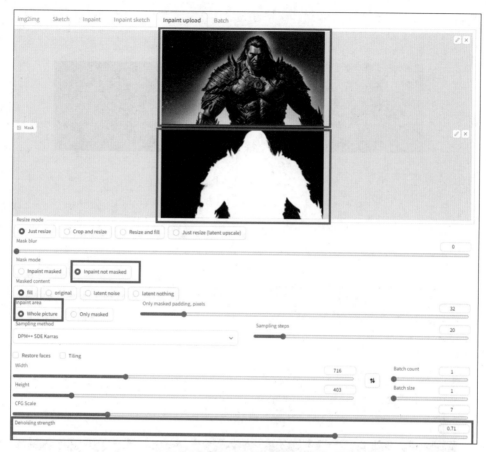

图7-8 Inpaint 背景图像的参数

（2）打开 ControlNet 的配置部分，拖放背景城市图像到 Image canvas 区域，勾选 Enable 使 ControlNet 生效，Preprocess 选择 mlsd，Model 选择 mlsd_large_512_fp32，由于是城市图像，因此只需提取直线线框部分指导 Prompt 重绘城市图像即可。

城市图像的提示词：painting illustration, portrait of city, masterpiece, comic book, hyper detailed, best quality, ultra detailed, high quality, film grain, award winning,<lora:jim_lee_offset_right_filesize:1>（绘画插画，城市肖像，杰作，漫画书，超细节，最佳品质，极致细节，高品质，电影颗粒，获奖作品，<lora:jim_lee_offset_right_filesize:1>）。

具体参数设置如图7-9所示。

步骤 05 生成图像。单击 Gnertate 按钮生成图像，输出图像如图7-10所示。至此，我们通过原始前景图像和背景图像生成动漫图像的操作就完成了。

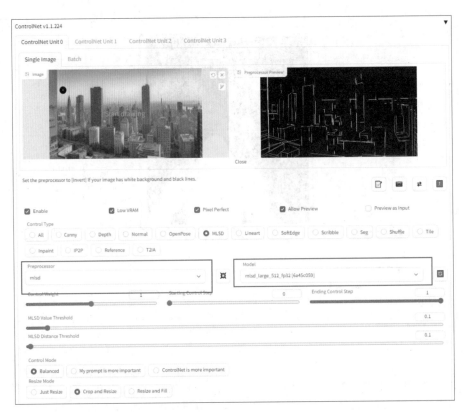

图 7-9 在 ControlNet 中设置参数

图 7-10 生成的动漫图像

　　小结：使用 ControlNet 以及 img2img 的 Inpaint 功能，可以将新的合成图像与 Alpha 蒙版一起使用，根据 Alpha 蒙版的信息，将前景人物周围的背景进行修复和填充，以使其与前景人物自然融合。本例在使用 Inpaint 功能之后，得到了一幅完整的图像，其中包含了动漫英雄人物、修复后的背景和自然的过渡效果。

　　为了使漫画更加生动和富有表达力，接下来我们使用气泡和文字来展现人物的对话或思绪。调整气泡和文字的位置，与人物的嘴巴或思维方向对应，确保气泡与人物之间有适当的间距，使得图像看起来更加平衡和自然。加上气泡和文字的漫画图像如图 7-11 所示。

图 7-11　加上气泡和文字的漫画图像

7.2　通过 Stable Diffusion 和 ControlNet 绘制 360°全景图像

　　通过 Stable Diffusion 和 ControlNet 的组合，我们可以将图像融合成一个无缝连接的 360° 全景图像，让观众感受到真实且逼真的环境。这项技术在虚拟旅游、房地产展示、虚拟现实游戏等领域具有广泛的应用前景。

　　下面我们以一个例子来介绍如何一步步地生成 360° 全景图像。

步骤 01 下载 LoRA 模型。这里我们使用的是 LatentLabs360 模型。这个 LoRA 是通过对 100 多个 CC0 全景图像训练而成的，确保能提供顶级的用户体验，适合制作既身临其境又具有交互性的动态 360° 全景图像。

> **提示** CC0 是非营利性组织 Creative Commons（知识共享组织，CC）于 2009 年推出的一款专门用于放弃版权，将作品投入公共领域的版权数字授权许可。

LatentLabs360 模型下载完成后，需要放到 LoRA 指定的模型路径下。

步骤 02 下载参考图。使用 ControlNet 对 Prompt 生成的图像进行精调，需要一个 360° 全景图的样例。

我们通过浏览器访问 gratisgraphics 网站（https://gratisgraphics.com/search/360-panorama），这是一个专门提供 360° 全景图像浏览和交流的网站，在该网站中选择一幅室内场景的全景图作为 ControlNet 的样例，单击 Free download 按钮，下载样例全景图，如图 7-12 所示。

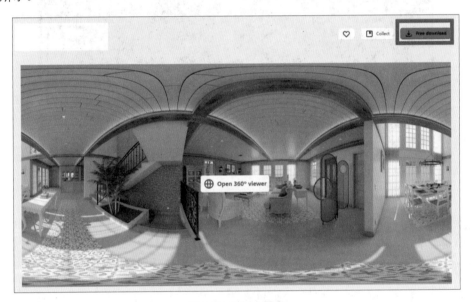

图 7-12 样例全景图

步骤 03 对 ControlNet 进行配置。

将参考图拖放到 ControlNet 的 image canvas 区域，Preprocessor 选择 depth_midas，Model 选择 control_v11f1p_sd15_depth，如图 7-13 所示。单击 💥（预览）按钮，查看生成的深度图是否包含主要的细节，能否用于指导图像的生成。如果细节不够，则需要放大 depth_midass 的分辨率，这里推荐分辨率为 1000 以上，在 GPU 可以承受的范围内可以设置更大。

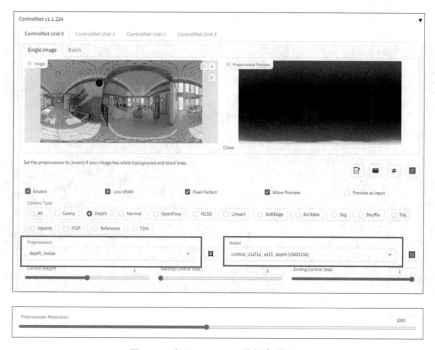

图 7-13 在 ControlNet 进行参数配置

输 入 正 向 提 示 词：modelshoot style, (extremely detailed CG unity 8K wallpaper),raw photo of a large cyberpunk room, night time, neon lights, by Jeremy Mann, Greg Manchess, Antonio Moro, trending on ArtStation, trending on CGSociety, intricate, high detail,HDR,colorful, dramatic,volumetric light,8K,Canon EOS 5D <lora:LatentLabs360:1>（模特拍摄风格、（极其详细的 CG Unity 8K 壁纸）、大型赛博朋克房间的原始照片，夜晚，霓虹灯，由 Jeremy Mann、Greg Manchess、Antonio Moro 创作，在 ArtStation 上热门，在 CGSociety 上热门，复杂精细，高细节，HDR，色彩丰富，戏剧性强烈，体积光，8K 分辨率，Canon EOS 5D 相机）。

步骤 04 勾选 Tiling 选项，否则生成的图像会出现前后不闭合的情况，如图 7-14 所示。

图 7-14 勾选 Tiling 选项

步骤 05 单击 Generate 按钮生成图像，结果如图 7-15 所示。

图 7-15 生成的样例图像

步骤 06 将该图发送到 upscale 模块下提高分辨率，结果如图 7-16 所示。

图 7-16 提高分辨率后的效果

步骤 07 将提高分辨率后的图像导入 360 图像查看器中查看效果。使用 360 图像查看器，我们可以模拟真实的全景体验。通过 360 图像自带的沉浸感、视觉质量和交互性，全景图像能够提供身临其境的效果，如图 7-17 所示。

图 7-17 导入 360 图像查看器查看效果

▦ 7.3 生成 QR 二维码

QR 二维码即 Quick Response Code（快速响应矩阵图码），是二维码的一种，我们常见的 QR 二维码为类似"回"字的方形图案，多为黑白两色，其技术特性为左上角、左下角、右上角的 3 个较大的黑白同心方格组成了 QR 二维码识别定位标记。

传统的 QR 二维码格式和样式比较单一，如今通过 AI 绘图来生成具备设计风格的 QR 二维码已成为主流。本节介绍如何通过 Stable Diffusion 和 ControlNet 生成风格化 QR 二维码。具体操作步骤如下：

步骤 01　首先准备一幅 QR 二维码图像，这里我们使用自由
　　　　文本 000000 作为 QR 二维码的内容，如图 7-18 所示。

图 7-18 QR 二维码图像

同时准备一幅需要嵌入 QR 二维码的图像，这里我们同样使用 Stable Diffusion 的 text2img 来生成。

正向提示词：closeup, masterpiece photo of a beautiful blonde woman, blue eyes, red dress, confident, highly detailed, perfect face, fashion pose, revealing dress,cinematic lighting, studio quality（近景、杰作照片、美丽的金发女子，蓝眼睛，红裙子，自信，高细节，完美脸庞，时尚姿势，透视裙装，电影灯光，专业画质）。

需要嵌入 QR 二维码的图像如图 7-19 所示。

图 7-19 需要嵌入 QR 二维码的图像

步骤 02　使用 ControlNet 对图像进行控制。在 text2img 选项卡中，展开 ControlNet 设置界面，在 ControlNet Unit0 中，Model 选择 control_v11f1e_sd15_tile，Preprocessor 选择 none，Starting Control Step 选择 0.29，Ending Control Step 选择 0.56，如图 7-20 所示。

图 7-20 ControlNet 设置

步骤 03 单击 Generate 按钮生成图像，效果如图 7-21 所示。

图 7-21 设置参数后的效果

图中可以看到在 QR 二维码的上层出现了一幅女士的图像，但主图并未突出 QR 二维码的内容，即无法正常扫描该 QR 二维码，因此添加下一层 ControlNet(即 ControlNet Unit1)。

步骤 04 在 ControlNet Unit1 中，Preprocessor 选 择 none，Model 选 择 brightness，Controlweight 设置为 0.35，Starting Control Step 设置为 0，Ending Control Step 设置为 1，如图 7-22 所示。

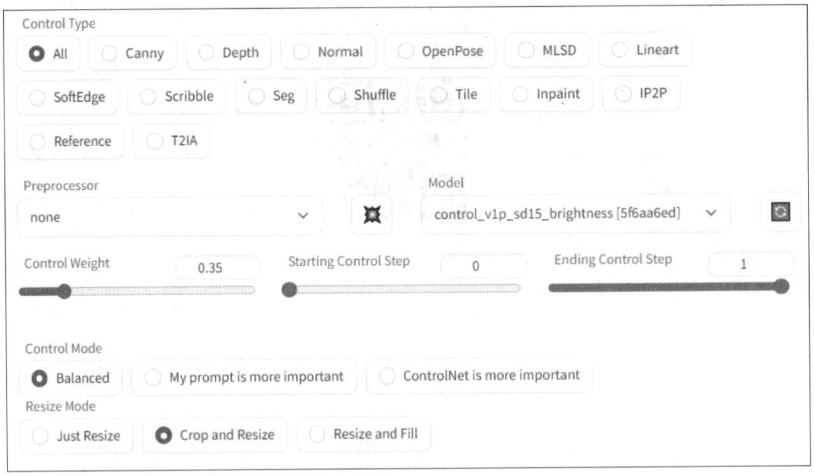

Control Type

● All	○ Canny	○ Depth	○ Normal	○ OpenPose	○ MLSD	○ Lineart
○ SoftEdge	○ Scribble	○ Seg	○ Shuffle	○ Tile	○ Inpaint	○ IP2P
○ Reference	○ T2IA					

Preprocessor

none ⌄   ✗   Model   control_v1p_sd15_brightness [5f6aa6ed] ⌄   ⟳

Control Weight   0.35   Starting Control Step   0   Ending Control Step   1

Control Mode

● Balanced   ○ My prompt is more important   ○ ControlNet is more important

Resize Mode

○ Just Resize   ● Crop and Resize   ○ Resize and Fill

图 7-22 参数设置

得到最终的效果如图 7-23 所示。这里强调一下，由于使用的模型不同，因此会出现图像主体清晰但扫描不出二维码或者可以扫描二维码但图像主体不清晰的情况。上述介绍的参数配置仅供读者参考，读者需要根据实际情况对相关参数（比 如 Control Weight、Starting Control Step、Ending Control Step）进行微调，从而得到更好的图片输出效果。

图 7-23 最终生成的 QR 二维码

▨ 7.4 生成卡通风格的小屋

本节示例是生成卡通风格的小屋，通过图生图的方式对图像进行风格化处理，以使图像的细节更加饱满。参考图像如图 7-24 所示。

图 7-24 参考图像

我们添加如下 3 位艺术家以给图像添加不同的艺术风格。

- Goro Fujita（藤田五郎）是一位著名的数字艺术家和插画家，因其令人着迷和富有创造力的艺术作品而闻名，特别是在虚拟现实（VR）和增强现实（AR）方面。他经常将神话元素与奇思妙想结合起来，创造视觉上壮观和情感上引人注目的作品。他的作品展示了他创造身临其境和超现实环境的杰出能力，这些作品通常具有鲜艳的色彩和精确的细节。

- Makoto Shinkai（新海诚）是一位著名的日本动画师、电影制作人和作家。他因其美丽的视觉效果和感人的表演而备受赞誉。他的作品常以精致的风景为特色，给人留下深刻的印象。

- Atey Ghailan，是一位概念艺术家和插画家，以其广泛的主题作品而闻名，包括奇幻、科幻和人物设计。复杂的细节、绚丽的色彩以及有机和机械部件的融合，定义了 Ghailan 的风格。他有一种不可思议的能力可以创造视觉上吸引人的世界和人物，通常带有黑暗和神秘的色彩。他的作品曾被收录在许多艺术书籍和期刊中，并与知名娱乐公司合作开展了电子游戏和电影等项目。

具体操作步骤如下：

步骤 01 将参考图拖入 Stable Diffuse 的 img2img 中。

步骤 02 输入正向提示词，如图 7-25 所示。

正向提示词：isometric render of a cozy village house, Studio Ghibli,Goro Fujita,Makoto Shinkai,Atey Ghailan（正交渲染的舒适乡村房屋、吉卜力工作室、藤田五郎、新海诚、Atey Ghailan）。

图 7-25 输入正向提示词

步骤 03 单击 Generate 按钮生成图像，结果如图 7-26 所示。

图 7-26 添加 3 位艺术家后生成的图像效果

7.5 总结

本章通过对精选案例的介绍，使得读者快速掌握和运用目前热度较高的 AI 绘画技术。首先通过对漫画生成步骤的讲述，展示了如何通过分别生成前景和背景图并使用 ControlNet 进行融合，进而创作出引人入胜的作品；然后介绍了如何使用现有技术生成 360° 全景图像和 QR 风格化的二维码；最后通过绘制卡通风格的小屋，展示了 AI 绘画的独特技巧。通过这些实际案例的实现，以及每个案例中的详细指导，引领读者逐步理解如何在实际项目中熟练组合并应用所学习到的技术。

7.6 练习

（1）尝试按照书中的步骤生成自己的漫画图。

（2）尝试按照书中的步骤生成 QR 风格化二维码。

（3）尝试生成 360° 全景图像。

第8章
Chapter

动画的制作

AI 创意绘画与视频制作
基于 Stable Diffusion
和 ControlNet

我们经常能够在各大短视频平台中看到大量关于人工智能生成的视频，相信很多人都会对它感兴趣。它是怎么生成的？是否需要大量的艺术积累和美术功底？普通非专业背景的人是否有机会生成属于自己的专属视频？答案是肯定的，借助 Stable Diffusion 和相关插件，我们可以实现上述目标。

在阅读本章之前，希望读者已经完成了前面 7 章内容的学习，了解并熟练掌握相关的文字生图和图生图操作，以及可以通过 ControlNet 对图像进行微调和精准控制。在此基础上，8.1 节精选了当下热门的 Deforum 动画插件，通过对平移、旋转等参数进行动态控制来达到变形动画的效果，并将详细介绍 Deforum 里的数学公式，通过类似简单的 Sin 函数实现周期性循环的效果，最后介绍如何通过 Deforum 来制作无限循环动画。

8.2 节介绍制作动画视频的另一个插件。LoopBack Wave 能够在图像之间创造一个平滑和自然的过渡，而且由于这个变化是逐渐引入的，因此会给人一种平稳渐进的感受。

8.3 节介绍补帧工具 FILM。为了具有更加平滑的视频表现，我们通常会对视频进行补帧处理，FILM 就是常用的补帧工具，它使用插值方式对动画进行补帧处理。

8.4 节介绍如何通过深度图估计来实现 3D 运动效果。

8.5 节介绍如何通过 EbSynth 和 TemporalKit 实现高质量视频风格转换。EbSynth 是一种图像合成工具，它可以将参考图像的风格应用到目标视频中，从而实现风格转换。TemporalKit 是一款 Stable Diffusion 插件，可以确保在风格转换过程中保持视频的连续性和流畅性，这也是目前通过 Stable Diffusion 实现无屏闪的风格转换的最佳实践，

无论是专业人士还是初学者，笔者相信通过掌握这些方法和工具，都能够创造出令人赞叹的视频动画作品。

⬛ 8.1 使用 Deforum 插件制作动画

静态的图像虽然能够表达一定的情节，但很多情况下我们更希望通过动画来表达，而动画需要更多的静态图像连续播放，因此需要消耗更多的计算资源。以每秒 30 帧的动画为例，制作 10 秒的动画需要准备 300（30×10）幅图像进行剪辑，剪辑过程中部分图像需要重新生成或加工，从而消耗更多的计算资源，采用各种云上 AI 生图方案可能会有更大的花费。而 Stable Diffusion 开源且免费的特性就为动画的制作提供了极大的便利。

关于如何制作动画，我们这里采用目前比较流行的动画插件 Deforum 来生成连续且有意思的动画。

8.1.1 什么是 Deforum

Deforum 是一种流行的视频插值方法，每次都将小的变换应用于图像帧，然后使用图像到图像的函数来创建下一帧。这个过程通常要重复多次，以产生一个插值帧序列，可以在原始捕获的帧之间进行回放，从而建立起连续播放视频的图像序列。

这种方法的主要优点是帧之间的变化很小，有助于创造连续视频的感觉。然而，这种技术也有一些局限性，例如，如果帧之间的变化太大，插值就可能无法准确捕捉运动，所产生的视频可能会显得生硬或失真。

总的来说，Deforum 视频插值是一种强大的技术，可以用来提高视频的质量和视觉吸引力，同时还可以减少存储和计算要求。目前 Deforum 在 Stable Diffusion 中以插件的方式存在。

8.1.2 安装 Deforum

在 Stable Diffusion 的 Web UI 中通过插件安装的方式来使用 Deforum。

首先找到插件安装的选项卡 Extensions，选择 Install From URL，输入 Deforum 的 Git Repository 的 URL "https://github.com/deforum-art/sd-WebUI-deforum"，单击 Install 按钮进行安装，如图 8-1 所示。

插件安装完毕后，切换到 Installed 选项卡，单击 Apply and restart UI 按钮重启 Web UI 以使插件生效，如图 8-2 所示。

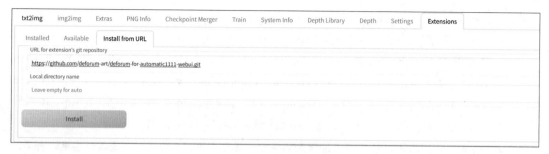

图 8-1 安装 Deforum

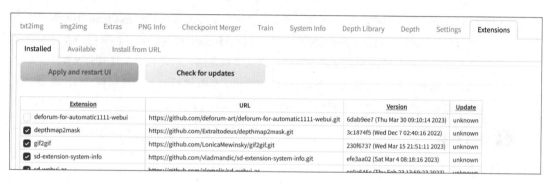

图 8-2 重启 Web UI

8.1.3 相关参数介绍

Deforum 提供了很多参数，下面我们进行详细介绍。

1 动画模式

动画模式有 2D、3D、Interpolation、Video Input 4 种。

- 2D：选择此项后将参考 Prompt 中带有前导帧序号的提示词（例如 Deforum 中自带的 Prompt 例子："0"："tiny cute swamp bunny, highly detailed, intricate, ultra hd, sharp photo, crepuscular rays, in focus, by tomasz alen kopera"）。2D 模式将试图把生成的图像串联成一个连贯的输出序列，要创建的输出图像的数量由 Max frames 定义。控制 2D 模式的运动操作符有边界、角度、缩放、平移_X、平移_Y、噪声_调度、对比度_调度、颜色_连贯性、扩散_渐变和保存深度图。其他动画参数在 2D 模式下没有效果。Resume from timestring 在 2D 模式下可用。

- 3D：选择此项后将参考 Prompt 中带有前导帧序号的提示词（例如 Deforum 中自带的 Prompt 例子："0"："tiny cute swamp bunny, highly detailed, intricate, ultra hd, sharp photo, crepuscular rays, in focus, by tomasz alen kopera"）。3D 模式将试图把生成的图像串联成一个连贯的输出序列，要创建的输出图像的数量由 Max frames 定义。控制 3D 模式的运动操作符有 Border、Translation X、Translation Y、Rotation 3D X、Rotation 3D Y、Rotation 3D Z、Noise schedule、Contrast schedule、Color coherence、Diffusion cadence、3D depth warping、Midas weight、FOV、Padding mode、Sampling mode 和 Save depth map。Resume from timestring 在 3D 模式下可用。（更多细节见具体的参数介绍）

- Interpolation Mode，插值模式该模式选择后，将忽略所有其他运动和连贯性参数，并尝试在前面列出的时间表帧编号的动画提示之间混合输出帧。
- Video Input：选择此项后将忽略所有的运动参数，并试图由 Video Init Path 指定引用加载到运行时的视频。Video Input 视频输入模式将忽略 none 模式的提示，并引用在其前面安排有帧数的提示。Max frames 在视频输入模式中被忽略，而是按照从视频的长度中提取的帧数。从视频中提取的帧数基于 Extract nth frame 参数进行配置，默认值为 1，表示将提取视频的每一帧，值为 2 表示将跳过每一个其他帧。

2 动画参数

动画参数主要有以下几个：

- Animation mode：选择动画的类型。
- Max frames：指定要输出的 2D 或 3D 图像的数量。
- Border：控制图像小于帧时生成像素的处理方法。
  - Wrap：从图像的相反边缘拉出像素。
  - Replicate：重复像素的边缘，并进行延伸。

快速运动的动画可能会产生"线条"，这个边框功能会将像素填充到创建的空隙中。

3 运动参数

运动参数以每帧的度数顺时针 / 逆时针旋转画布，运动参数主要有：

- Zoom：二维操作符，以乘法方式缩放画布的大小（静态 =1.0）。
- Translation X：二维和三维操作符，每帧以像素为单位向左 / 右移动画布。
- Translation Y：二维和三维操作符，用于每帧向上 / 向下移动画布的像素。
- Translation Z：三维操作符，用于将画布移向 / 移离视图，速度由 FOV（视场角）设定。
- Rotation X：三维操作符，每帧将画布向上 / 向下倾斜，单位是度。
- Rotation Y：三维操作符，每帧将画布向左 / 右平移，单位是度。

- Rotation Z：三维操作符，用于顺时针/逆时针滚动画布。
- Flip 2D perspective：启用 2D 模式的功能来模拟 3D 运动。
- Perspective flip theta：滚动效果的角度 。
- Perspective flip phi：倾斜效果的角度。
- Perspective flip gamma：平移效果的角度。
- Perspective flip fv：透视的二维消失点（范围是 30~160）。
- Noise schedule：为了扩散多样性而在每一帧中增加的颗粒度数量。
- Strength schedule：影响下一帧的前一帧的存在量，也控制公式 [Step - (Strength schedule × Steps)] 中的 Step。
- Contrast schedule：调整每一帧的整体对比度，默认为中性的 1.0。

4 Prompts 介绍（静态图像和动画 Prompt）

这里以 Deforum 自带的 Prompts（见图 8-3）为例为读者讲述其使用的方法。

图 8-3 Deforum 自带的 Prompts

Prompts 的结构是一个 JSON 格式串，通过不同帧数下对应的 Prompts 来引导图片的绘制，Deforum 会根据绘画的模式（2D/3D 模式）和参数的设定进行不同帧之间的补帧操作并制作动画。以图中第一行提示词为例，从第 0 帧开始到第 30 帧，会绘制一个沼泽兔子（swamp bunny）；类似地，从第 30 帧到第 60 帧会绘制一只猫（anthropomorphic clean cat），从第 60 帧到第 90 帧会绘制椰子（coconut），最后从第 90 帧到帧末尾会绘制榴莲（durian）。

这里需要注意的是，如果需要反向提示词，那么可以在正向提示词后加入 –neg 关键字，接着填入反向提示词。这里的反向提示词是 photo,realistic，避免生成写实风格的图片。

如果我们选择了 Interpolation 插值模式，那么会制作补间帧用于平滑过渡，首先每一行提示词会生成对应的图片，这里是兔子、猫、椰子和榴莲；接下来在每两幅图片之间创建混合图片，比如兔子和猫混合绘制的图片，用于填补兔子和猫之间的帧空缺。

5 3D 动画

3D 动画模式下，根据 3D 的设定会生成带有景深的图像帧，并根据 3D 相关参数进行相关的镜头运动。

- Translation X：向左或向右移动画布。此参数使用正值向右移动，使用负值向左移动。
- Translation Y：向上或向下移动画布。此参数使用正值向上移动，使用负值向下移动。
- Translation Z：将画布移向或移出视图。此参数使用正值向前移动，使用负值向后移动。
- Rotation X：向上或向下倾斜画布（每帧以度为单位）。此参数使用正值向上倾斜，使用负值向下倾斜。
- Rotation Y：以每帧度数向左或向右平移画布。此参数使用正值向右平移，使用负值向左平移。
- Rotation Z：顺时针或逆时针滚动画布（每帧以度为单位）。此参数使用正值逆时针滚动，负值顺时针滚动。

6 2D 动画

具有 2D 设置的动画将尝试生成带有移动的帧，因为画布会根据 2D 特定参数移动。

- Angle：顺时针或逆时针滚动画布（以帧为单位）。此参数为正值时表示逆时针滚动，为负值时表示顺时针滚动。
- Zoom：以乘法方式缩放画布大小。值为 1 表示是静态的，值大于 1 向前移动，值小于 1 向后移动。
- Translation X：向左或向右移动画布。此参数使用正值向右移动，使用负值向左移动。
- Translation Y：向上或向下移动画布。此参数使用正值向上移动，使用负值向下移动。

8.1.4 Deforum 里的数学公式

作为一款基于 Stable Diffusion 的动画插件工具，Deforum 的相关参数均可以使用数学公式。使用数学公式的好处是可以通过许多组合和复杂的函数来实现复杂的图案和运动。

以一个正弦函数为例，在以前，我们必须输入每一帧的数值来模拟一个波形模式，动画时长越长，必须手动输入的帧指令就越多；现在，通过 math 函数可以在一个表达式中简单地填充一个无限的指令列表。使用的方法是引用变量 t，当我们在数学语句中使用该变量时就会进行计算，使 t= 当前帧数。由于帧数以 +1 的增量稳定地增加，因此可以定义一个 X 轴。在此基础上，我们可以用 t 来依次改变 Y 轴上的数值。一帧（时间）向前推进，在 t 上执行的数学运算将使我们能够控制在那个确切的时间快照上执行什么值。在 Deforum 中，Translation X 被定义为 0:(10×sin(2×3.14×t/10))，从中可以看到变量 t 和一个正弦波（sin）正在进行，这将导致图像随着时间的推移而左右周期性平移。当我们取 sin(2×3.14×t) 时，将得到一个周期为 1、振幅为 1 的波（它的峰值和谷值在 -1 和 1 之间），剩下的就是增加数学运算、控制数值应该反弹多高（振幅）以及多长时间（频率）。因此，公式最后将整个表达式乘以 10，并将 t 除以 10，这就产生了一个将在 +10 和 -10 之间交替出现的波，每 10 帧重复一次。这里默认使用 0 为 baseline。如果 10×sin(2×3.14×t/10)-5，那么将得到了一个从 -15 到 5 跳动的波形，而频率和波长不变。使用这个特性，我们就可以对 X、Y、Z 轴的运动进行周期性调整，从而使得整个画面有规律性地重复运动，如图 8-4 所示。

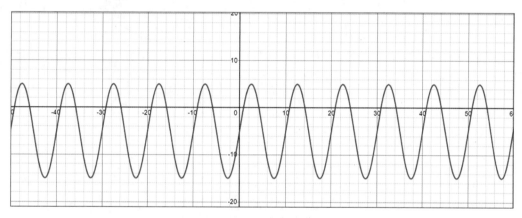

图 8-4 生成的波形

再来看一个例子，Translate 3D Z 被定义为 0:(0.375×(t%5)+20)，这里假定 t 代表帧数，它将不断地增加下去，然而我们已经将模数设置为 5，这意味着随着帧数的增加（01,2,3,4,5,6,7,8…），t 的值将重复 0,1,2,3,4,5,0,1,2,3,4,5,0,1…的序列，不会超过 5。这在图形上会产生一个锯齿波。为了使锯齿形的"叶片"随着时间的推移而弯曲，我们将 (t%5) 乘以 0.375（0.375 作为每条线的斜率）。更高的乘数将进一步增加频率，而接近 0 的数字将使线条接近平坦。由于我们在 3D 模式下控制 Z 轴平移，希望的基线是 20，因此在公式的最后加上了 20。这个参数的整体效果是使我们的动画持续向前放大，但又有脉冲，具备动感效果。

8.1.5 Deforum 制作无限循环动画

本节介绍一个使用 Deforum 制作无限循环动画的例子，具体操作步骤如下：

步骤 01 导入实拍视频。打开 Keyframes 选项卡，选择 3D 模式，Max frames 设置为 600，Strength schedule 设置为 0: (0.65),25: (0.55)，Translation Z 设置为 0:(0.2),60:(10),300:(15)，Rotation 3D X 设置为 0:(0),60:(0),90:(0.5),180:(0.5),300:(0.5)，Rotation 3D Y 设置为 0:(0),30:(-3.5),90:(0.5),180:(-2.8),300:(-2),420:(0)，Rotation 3D Z 设置为 0:(0),60:(0.2),90:(0),180:(-0.5),300:(0),420:(0.5),500:(0.8)，如图 8-5 所示。

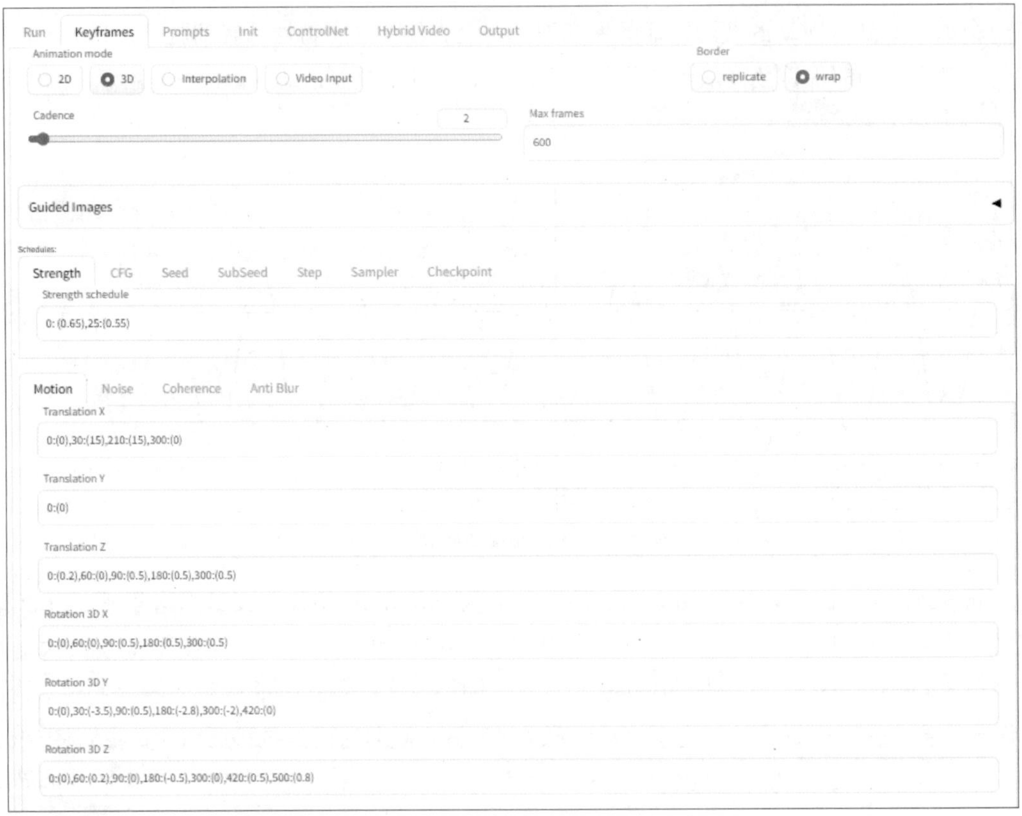

图 8-5 参数设置（1）

步骤 02 FOV schedule 设置为 0: (120)。

步骤 03 在 Noise 选项卡中设置 Noise schedule 为 0:(-0.06*(cos(3.141*t/15)**100)+0.06)，在 Anti Blur 选项卡中设置 Amount schedule 为 0:(0.05)，如图 8-6 所示。

步骤 04 设置 Prompts，如图 8-7 所示。

图 8-6 参数设置（2）

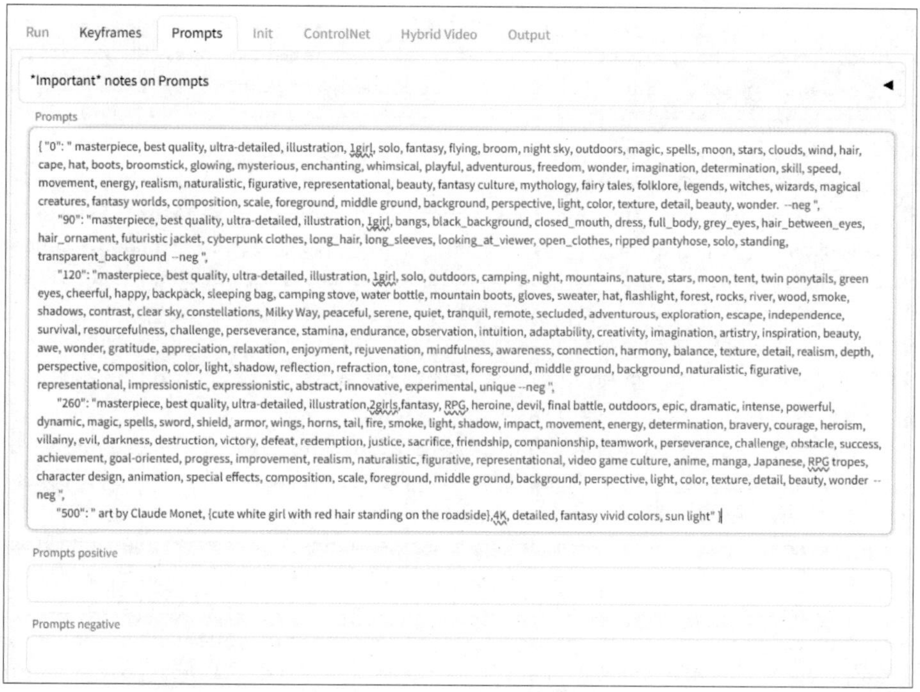

图 8-7 设置 Prompts

由图中可以看到，在第0、90、120、260、500帧处均使用了不同的提示词生成相对应的主题图像。参考提示词如下（读者也可以使用其他类似提示词，只要满足"帧序列"："Prompt"格式即可）：

"0"："masterpiece, best quality, ultra-detailed, illustration,.1.irl, solo, fantasy, flying, broom, night sky, outdoors, magic, spells, moon, stars, clouds, wind, hair, cape, hat, boots, broomstick, glowing, mysterious, enchanting, whimsical, playful, adventurous, freedom, wonder, imagination, determination, skill, speed, movement, energy, realism, naturalistic, figurative, representational, beauty, fantasy culture, mythology, fairy tales, folklore, legends, witches, wizards, magical creatures, fantasy worlds, composition, scale, foreground, middle ground, background, perspective, light, color, texture, detail, beauty, wonder. --neg"，

"90"："masterpiece, best quality, ultra-detailed, illustration,.1.irl, bangs, black_background, closed_mouth, dress, full_body, grey_eyes, hair_between_eyes, hair_ornament, futuristic jacket, cyberpunk clothes, long_hair, long_sleeves, looking_at_viewer, open_clothes, ripped pantyhose, solo, standing, transparent_background --neg"，

"120"："masterpiece, best quality, ultra-detailed, illustration,.1.irl, solo, outdoors, camping, night, mountains, nature, stars, moon, tent, twin ponytails, green eyes, cheerful, happy, backpack, sleeping bag, camping stove, water bottle, mountain boots, gloves, sweater, hat, flashlight, forest, rocks, river, wood, smoke, shadows, contrast, clear sky, constellations, Milky Way, peaceful, serene, quiet, tranquil, remote, secluded, adventurous, exploration, escape, independence, survival, resourcefulness, challenge, perseverance, stamina, endurance, observation, intuition, adaptability, creativity, imagination, artistry, inspiration, beauty, awe, wonder, gratitude, appreciation, relaxation, enjoyment, rejuvenation, mindfulness, awareness, connection, harmony, balance, texture, detail, realism, depth, perspective, composition, color, light, shadow, reflection, refraction, tone, contrast, foreground, middle ground, background, naturalistic, figurative, representational, impressionistic, expressionistic, abstract, innovative, experimental, unique --neg"，

"260"："masterpiece, best quality, ultra-detailed, illustration.2.irls, fantasy, RPG, heroine, devil, final battle, outdoors, epic, dramatic, intense, powerful, dynamic, magic, spells, sword, shield, armor, wings, horns, tail, fire, smoke, light, shadow, impact, movement, energy, determination, bravery, courage, heroism, villainy, evil, darkness, destruction, victory, defeat, redemption, justice, sacrifice, friendship, companionship, teamwork, perseverance, challenge, obstacle, success, achievement, goal-oriented, progress, improvement, realism, naturalistic, figurative, representational, video game culture, anime, manga, Japanese, RPG tropes, character design, animation, special effects, composition, scale, foreground, middle ground, background, perspective, light, color, texture, detail, beauty, wonder --neg"，

"500": "art by Claude Monet, {cute white girl with red hair standing on the roadside}.4., detailed, fantasy vivid colors, sun light"
    }

步骤 05 为了让一开始使用的我们自己的视频作为初始画面并无缝衔接到 AI 生成的动画，切换到 Init 选项卡，在 Image Init 下指定 Init image 的位置，如图 8-8 所示。将实拍视频的最后一帧作为 Init image 使用 Deforum 生成动画，然后放到原实拍视频后进行合并处理。

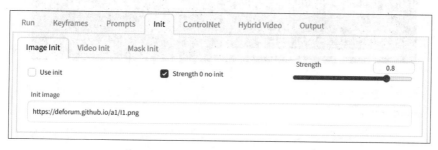

图 8-8 指定 Init image 的位置

或者在 Video Init 指定输入引导视频的 url 或者本地路径，并且可以指定从视频中提取的开始帧和结束帧的位置，以及可以指定每间隔几帧进行提取，如图 8-9 所示。

图 8-9 设置 Video Init

步骤 06 单击 Generate 按钮，便可得到 Deforum 的变形动画视频，如图 8-10 所示。

执行过程中可以发现，这里的动画是通过每帧图像渲染得到的，每帧图像使用的参数（X、Y、Z 的位移和旋转）也在控制台上输出，部分帧画面通过创建补间动画生成得到。

最终生成的变形动画图像集位于 Stable Diffusion Web UI 的 output 文件夹下（找到 img2img-images 子目录），如图 8-11 所示。将图像帧导入视频编辑软件便可输出视频。

图 8-10 生成 Deforum 变形动画视频

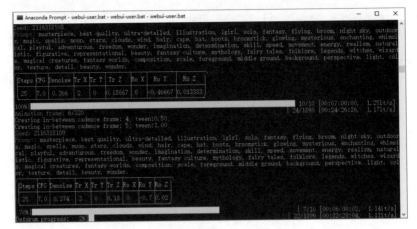

图 8-11 动画图像存放位置

转换后的帧图像如图 8-12 所示，可以清晰地观察到随着 X、Y 和 Z 轴的旋转，视角发生了变化，并且根据提示词，不同的位置的帧也发生了转换。通过对图像进行空间转换，我们能够观察到图像内容在三维空间中的旋转效果。通过旋转 X 轴，图像的视角会向上或向下倾斜；旋转 Y 轴，图像会左右旋转；旋转 Z 轴，图像会产生透视效果或绕中心点旋转。这种视角随着三个轴的旋转而变化的效果使得图像变得更加生动和具有立体感。它提供了更加逼真的视觉体验，让人感觉仿佛正在亲自感受图像中的场景。

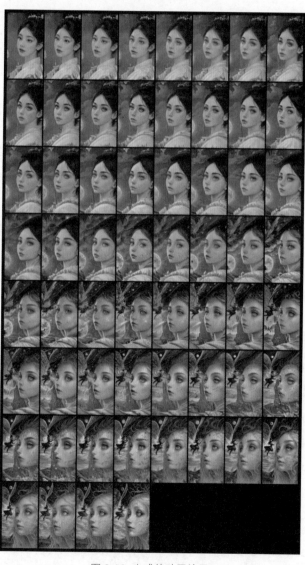

图 8-12 生成的动画效果

■ 8.2 使用 LoopBack Wave 来制作丝滑动画

本节我们来介绍 LoopBack Wave 的安装与脚本使用技巧。

8.2.1 什么是 LoopBack Wave

LoopBack Wave 是一种可用于创建独特的、具有视觉吸引力的视频工具，它的工作原理是以正弦波模式调节去噪强度（Denoising Strength），从而实现从一幅图像到另一幅图像的逐步无缝过渡。这个过程从一个稳定的图像开始，在再次稳定之前，逐渐改变为另一幅图像。

LoopBack Wave 脚本的一个显著特点是它能够在图像之间创造一个平滑和自然的过渡，变化是逐渐引入的，而不会被突然的变化打乱。

作为一个多功能的工具，LoopBack Wave 可用于各种应用，包括电影与视频制作、平面设计和数字艺术。LoopBack Wave 很容易使用，可以在大多数现代计算机上运行。用户需要提供初始图像或视频文件，并指定所需的去噪强度和频率调制参数。

总之，LoopBack Wave 是一个强大的工具，可以帮助任何参与创造性工作的人创造出令人惊叹的视觉效果。

8.2.2 安装 LoopBack Wave

为了使用 LoopBack Wave 脚本，我们需要执行下列步骤来进行安装。

步骤01 打开 Stable Diffusion Web UI，找到脚本存放目录。一般情况下，这个目录在 Stable Diffusion 安装目录下的 script 子目录中（stable-diffusion-WebUI\scripts）。

我们将 https://files.catbox.moe/0hx51x.py 脚本保存在本地上述 script 目录下。

步骤02 由于 LoopBack Wave 脚本使用 FFmpeg 进行视频的合成，因此需要通过下列 URL 安装 FFmpeg：https://www.ffmpeg.org/download.html。

8.2.3 LoopBack Wave 脚本的使用

安装完 LoopBack Wave 脚本后，打开 Stable Diffusion Web UI，找到 LoopBack Wave 脚本（这里使用的版本是 LoopBack Wave V1.4.1），如图 8-13 所示。

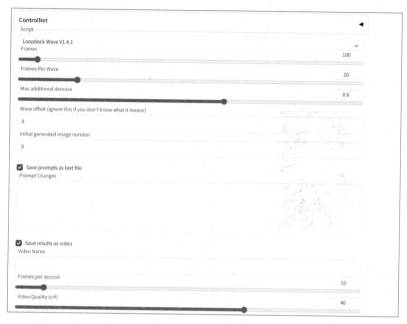

图 8-13 找到 Loopback Wave 脚本

Loopback Wave 脚本中的主要参数介绍如下：

- Frames：帧数，默认为 100。

- Frames Per Wave：每波的帧数，即一个完整的稳定 / 不稳定的周期有多少帧。

- Max additional denoise：最大附加去噪，在基本去噪强度上增加的最大去噪强度。

- Wave offset：波形偏移，在 cos 波形上从 0 开始的偏移。通常情况下，将其保留为 0。

- 提示变化列表：一个以行分隔的提示列表。

- Initial generated image number：初始图像编号，即产生的第一个文件的编号。

- Frames per second：每秒帧数，默认为 10。

- Video Quality（crf）：视频质量，传递给 FFmpeg 的质量设置。对于 VP9 网络视频，30 是相当不错的，40 仍然不错，但要生成视频的尺寸小得多。

- 视频编码：使用什么编码。VP9 是最好的，其他的是为了兼容而存在的。对于不同的编码，最佳的 crf 是不同的。

了解参数的含义之后，下面尝试使用 LoopBack Wave 制作动画。

步骤 01 先通过 txt2image 生成一幅满图像，并发送到 img2img。

相关的 Prompts 设置如图 8-14 所示。

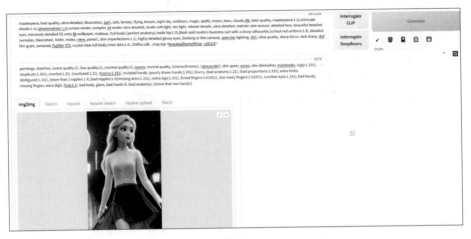

图 8-14 设置 Prompts

正向提示词：masterpiece, best quality, ultra-detailed, illustration,.1.irl, solo, fantasy, flying, broom, night sky, outdoors, magic, spells, moon, stars, clouds,(8K, best quality, masterpiece.1.2),(intricate details.1.4),(photorealistic.1.4),octane render, complex 3d render ultra detailed, studio soft light, rim light, vibrant details, ultra detailed, realistic skin texture, detailed face, beautiful detailed eyes, extremely detailed CG unity 8K wallpaper, makeup, (full body),(perfect anatomy),(wide hip.1.3),Sleek and modern business suit with a sharp silhouette,(school red uniform.1.3), detailed (wrinkles, blemishes!, folds!, moles, viens, pores!!, skin imperfections.1.1), highly detailed glossy eyes, (looking at the camera), specular lighting, dslr, ultra quality, sharp focus, tack sharp, dof, film grain, centered, Fujifilm XT3, crystal clear,full body,(mini skirt.1.4) ,Chiffon,silk , crop top（杰作，最佳质量，超详细，插图，1girl，独奏，幻想，飞行，扫帚，夜空，户外，魔术，咒语，月亮，星星，云,(8K，最佳质量，杰作：1.2)，（复杂的细节：1.4），（真实感：1.4），辛烷渲染，复杂 3D 渲染超详细，工作室柔光，边缘光，充满活力的细节，超详细，逼真的皮肤纹理，详细的脸部，美丽详细的眼睛，极其详细的 CG 统一 8K 壁纸，化妆，（全身），（完美解剖学），时尚现代的西装，轮廓分明，（校红色制服：1.3），详细 ，毛孔，皮肤瑕疵：1.1），高度详细的光泽眼睛，（看着相机），镜面照明，数码单反相机，超品质，锐焦点，粘性锐利，自由度，胶片颗粒，居中，Fujifilm XT3，晶莹剔透，全身，（迷你裙：1.4），雪纺，丝绸，短上衣）

反向提示词：paintings, sketches, (worst quality:2), (low quality:2), (normal quality:2), lowres, normal quality, ((monochrome)), ((grayscale)), skin spots, acnes, skin blemishes, manboobs, (ugly:1.331), (duplicate:1.331), (morbid:1.21), (mutilated:1.21), (tranny:1.331), mutated hands, (poorly drawn hands:1.331), blurry, (bad anatomy:1.21), (bad proportions:1.331), extra limbs, (disfigured:1.331), (more than 2 nipples:1.4),(bad nipples:1.4)(missing arms:1.331), (extra legs:1.331), (fused fingers:1.61051), (too many fingers:1.61051), (unclear eyes:1.331), bad hands, missing fingers, extra digit, (futa:1.1), bad body, bad-hands-5, ((more than two hands))(绘画，素描，（最差质量：2），（低质量：2），（正常质量：2），

低分辨率，正常质量，((单色))，((灰度))，皮肤斑点，粉刺，皮肤瑕疵，男性胸部，(丑陋：1.331)，(重复：1.331)，(病态：1.21)，(残缺：1.21)，(变形：1.331)，变异手，(手画得很糟糕：1.331)，模糊，(不良的解剖学：1.21)，(不良的比例：1.331)，多余的肢体，(毁容：1.331)，(超过两个乳头：1.4)，(乳头坏死：1.4)(没有胳膊：1.331)，(多余的腿：1.331)，(连接手指：1.61051)，(多余的手指：1.61051)，(不清楚的眼睛：1.331)，手畸形，缺少手指，额外的数据，(futa：1.1)，坏的身体，手部结构异常 -5，((超过两只手))。

步骤 02 设置相关配置项，如图 8-15 所示。

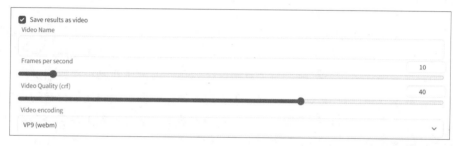

图 8-15 配置选项

步骤 03 单击 Generate 按钮，生成的视频帧图像如图 8-16 所示。

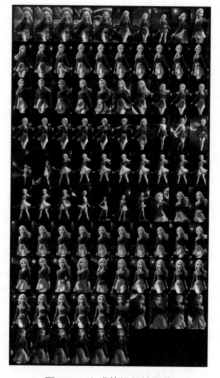

图 8-16 生成的视频帧图像

8.3 使用 FILM 对动画进行补帧

FILM 全称是 Frame Interpolation for Large Motion，即大幅度运动的帧插值方法，通常用于帧速率上采样或创建慢动作视频效果，本节我们介绍 FILM 的原理、安装和使用技巧。

8.3.1 什么是 FILM

该技术的创新之处是提出了一种全新的帧插值算法，可以从具有大场景运动的近似重复照片中生成引人入胜的慢动作视频。这种近似复制的插值方法是一个新应用，但对于现有方法来说，大幅度的移动是一个挑战。为了克服这个问题，该算法对特征提取器进行了调整，在不同尺度上共享权重，并引入与一个尺度无关的运动估计器。细粒度的大运动应该与粗粒度的小运动类似，这增加了可用于监督大运动的像素数量。为了消除大幅度移动引起的广泛不一致性并生成清晰的帧，提出使用 GRAM（矩阵损失）来优化网络，该损失衡量特征之间的相关性差异。

与现有的基准相比，FILM 有 3 个重要的改进方向：一是使用一个统一的模型以端到端的方式进行学习，二是处理帧之间的大运动，三是提高插值帧的图像质量。更具体地说，FILM 不依赖任何额外的先验因素，如用于闭塞检测的深度估计或来自外部模型的运动估计。因此，FILM 仅由一个单一的模块组成，取得了最先进的结果。此外，当运动范围与训练数据不同时，现有的模型很难推广到新的数据，作者使用多尺度的方法来学习大运动和小运动。

FILM 的插值方式对动画的补帧带来了重要的改进。它不仅可以提供更流畅的动画效果，还可以减少动画中的不连贯性和断裂感。

FILM 主要架构构成如图 8-17 所示，模型主要由特征提取模块（Scale-Agnostic 尺度无关的）、光流估算器和中间帧生成的融合模块 3 个连续的模块构成。

1 特征提取模块

为了处理可能在金字塔最深层消失的小型和大型快速移动物体，模型采用了一个特征提取器，并在不同尺度上共享权重，以创建一个与尺度无关的特征金字塔。这个特征提取器通过将浅层的大幅度运动与深层的小幅度运动合并处理，使金字塔各层共享运动估计器，同时有助于创建一个具有较少权重的紧凑网络。

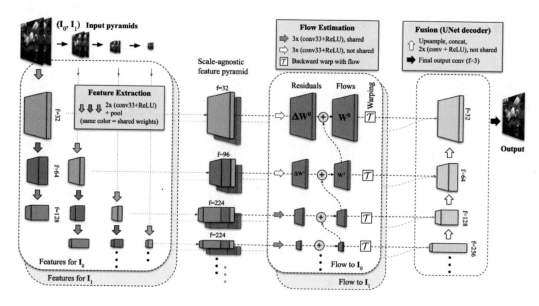

图 8-17 FILM 主要架构构成

首先输入两幅图像，通过对每幅图像进行下采样来创建一个更详细的图像金字塔。接下来，一个共享的 U-Net 卷积编码器被用来从每个图像金字塔层次中提取一个较小的特征金字塔。最后，在水平方向上构建一个与尺度无关的特征金字塔，将从具有相同空间维度的不同卷积层中获得的特征连接起来。注意，从第三层开始，特征堆栈是用同一组共享卷积权重构建的，这确保了所有的特征都是相似的，这样就可以在后续的运动估计器中共享权重。

该方法的关键在于不同尺度之间的权重共享方式，以及提取的特征如何以类似网格的方式跨尺度堆叠。

2 光流估算器

FILM 在特征提取后执行基于金字塔的残差光流估计，以确定从尚未预测的中间图像到两个输入的光流。

这个模块的思想是，为了使大幅度运动在帧插值中发挥作用，运动流应该在不同的尺度上是相似的。怎样才能确保这一点呢？作者采取了一种递归的方法，将每个金字塔级别的运动流计算为下一个更小（更粗）级别的运动流之和，作为预测的残差向量（Residual Vector）。这个向量是通过一个小的卷积模型来计算的，该模型吸收一帧的输入特征图和从第二帧提取的特征图，该特征图是用下一个更小的尺度的流量的同样的上采样估计值向后映射的。

3 中间帧生成的融合模块

这里包含两个步骤：首先，对双向流动进行估计，并通过扭曲将两个特征金字塔对齐。这个对齐过程的结果是通过在每一级的堆叠形成一个联合的特征金字塔。然后，一个 U-Net 解码器被用来生成输出插值图像。

具体来说，融合模块对两幅图像的扭曲特征进行上采样和串联操作，这些特征具有匹配的空间维度。通过这种方法，该模块可以预测中间帧。值得注意的是，这个递归过程可以重复进行，可以在输入帧和生成帧之间插入额外的帧，从而生成多个中间帧。

8.3.2 安装 FILM

安装 FILM 的操作步骤如下：

步骤 01 首先需要安装 Python 和 Git 环境（可参照本书 3.2 节安装 Python 和 Git，这里选择 Python 3.9 版本）。

步骤 02 安装 CUDA Toolkit 11.2.1 和 cuDNN 8.1.0。

（1）安装 CUDA Toolkit 11.2.1。

首先前往 NVIDIA 官方网站（https://developer.nvidia.com/cuda-11.2.1-download-archive），下载适合我们操作系统的 CUDA Toolkit 11.2.1 安装程序。

然后运行下载的安装程序，按照安装向导的指示进行操作。安装过程中，可以选择安装 CUDA 驱动程序、CUDA 工具和示例等组件。根据需求，选择适当的选项继续安装。

安装完成后，配置系统环境变量，确保将 CUDA 的路径正确添加到系统的 PATH 变量中。这样就可以在其他开发工具中使用 CUDA。

需要将下列目录添加进 Path 变量中：

```
<INSTALL_PATH>\NVIDIA GPU Computing Toolkit\CUDA\.1..2\bin
<INSTALL_PATH>\NVIDIA GPU Computing Toolkit\CUDA\.1..2\libnvvp
<INSTALL_PATH>\NVIDIA GPU Computing Toolkit\CUDA\.1..2\include
<INSTALL_PATH>\NVIDIA GPU Computing Toolkit\CUDA\.1..2\extras\CUPTI\lib64
<INSTALL_PATH>\NVIDIA GPU Computing Toolkit\CUDA\.1..2\cuda\bin
```

（2）安装 cuDNN 8.1.0。

首先登录 NVIDIA 开发者网站 https://developer.nvidia.com/cudnn，下载 cuDNN 8.1.0 的压缩文件。请确保下载的版本与安装的 CUDA Toolkit 版本兼容。

然后将压缩包解压到本地，并将解压后的 include、lib、bin 文件夹复制到 Cuda 安装路径下即可完成安装操作。

步骤 03 克隆 FILM 的项目文件。

（1）获取帧插值的源代码。使用 Git 工具在命令行或终端中执行以下命令：

```
git clone https://github.com/google-research/frame-interpolation
```

这将下载 Google Research 团队开发的帧插值代码库到我们的计算机上。

（2）进入 frame-interpolation 目录，在命令行或终端中执行以下命令：

```
cd frame-interpolation
```

这将进入刚刚下载的帧插值代码库所在的目录。

步骤 04 获取推荐的 Docker 基础镜像（可选步骤）。如果计划使用 Docker 容器来运行代码，可以选择执行此步骤。

使用 Docker 命令，在命令行或终端中执行以下命令：

```
docker pull gcr.io/deeplearning-platform-release/t.2.gpu.2.6:latest
```

这将从 Google Cloud Registry（GCR）中获取推荐的最新版 Docker 基础镜像，其中包含了 TensorFlow 2 和 GPU 支持。

步骤 05 安装相关 Python 依赖包和 FFmpeg 多媒体框架。

（1）确保已进入帧插值代码库的根目录（frame-interpolation），打开终端或命令提示符，执行以下命令：

```
pip install -r requirements.txt
```

这将使用 pip 包管理器自动安装在 requirements.txt 文件中列出的所有 Python 依赖库。requirements.txt 文件通常包含项目所需的特定版本的各个库及其依赖关系。

（2）确保已安装并配置了 Conda 包管理器（如果没有，需先安装 Conda），并确保 Conda 环境已激活（如果有），打开终端或命令提示符，执行以下命令：

```
conda install -c conda-forge ffmpeg
```

这将使用 Conda 来安装 FFmpeg 多媒体框架，它提供了对音频和视频处理的支持。
-c conda-forge 参数指示 Conda 从 Conda Forge 软件源中获取并安装 FFmpeg。

8.3.3 FILM 工具的使用

1 生成一幅帧插值图像

执行以下命令从两幅相近图像中生成一幅插值图像，输出的图像保存在 photos/output_middle.png 中。

```
Python -m eval.interpolator_test \
    --fram.1.photos/one.png \
    --fram.2.photos/two.png \
    --model_path <pretrained_models>/film_net/Style/saved_model \
    --output_frame photos/output_middle.png
```

2 生成多幅帧插值图像

打开终端或命令提示符，执行以下命令生成多幅插值图像：

```
Python -m eval.interpolator_cli \
    --pattern "photos" \
    --model_path <pretrained_models>/film_net/Style/saved_model \
    --times_to_interpolate.6.\
    --output_video
```

每个目录至少包含两个输入帧，每个连续的帧对都被当作一个输入来生成中间的帧。

可以在 photos/interpolated_frames/ 中找到插值的帧（包括输入帧），在 photos/interpolated.mp4 中找到插值的视频。

帧的数量由 -times_to_interpolate 决定，它控制帧插值器被调用的次数。当一个目录中的帧数为 num_frames 时，输出的帧数将是（2^times_to_interpolate+1）×（num_frames-1）。

通过 FILM 算法来补帧的效果示意图如图 8-18 所示。

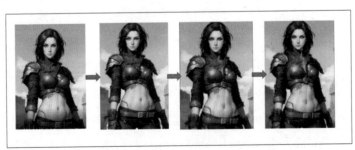

图 8-18 FILM 算法来补帧的效果示意图

8.4 使用 DepthMap 生成 3D 绘画实现动画效果

DepthMap 是 Stable Diffusion Web UI 插件，该插件的功能是通过单张 RGB 图像创建深度图和 3D 立体图像。生成的图像既可以在各种设备上观看，例如 VR 头盔或 Looking Glass 显示器，还可以在渲染引擎或游戏引擎中使用，甚至可以用于 3D 打印。本节我们介绍 DepthMap 的安装与使用技巧。

8.4.1 什么是 DepthMap

为了生成真实的深度图像，该插件利用了英特尔 ISL 团队的 MiDaS 以及 LeReS 模型，使用 Boosting Monocular Depth 实现的多分辨率合并技术，可以生成高分辨率的深度图。

其中 Depth MiDaS 模型是一种用于生成深度图像的深度学习模型，旨在从单一的 RGB 图像中推断出场景的深度信息。MiDaS 的全称是 Multi-Scale Dense Depth，也意味着该模型利用了多尺度的密集深度估计，它基于卷积神经网络架构，通过学习从 RGB 图像到深度图像的映射关系，能够估计场景中每个像素点的深度值。

3D 立体图像是通过立体图像生成库中的代码生成的，通过对每只眼睛的图像应用不同颜色的滤镜来实现立体 3D 效果。通常情况下，红色和青色是用来进行编码的滤镜，当使用"颜色编码"的"立体影像眼镜"观看时，每个眼睛会看到其预期的图像，从而呈现出集成的立体图像效果。人类大脑的视觉皮层将这两个图像进行融合，并将其整合到对三维场景或构图的感知中。通过这种方式，观众可以获得逼真的深度感，使得影像更加生动和立体化。

此外，DepthMap 插件使用了弗吉尼亚理工大学提供的上下文感知分层深度绘画技术（也称为 3D-Photo-Inpainting），用于生成 3D 绘画网格，并以此渲染视频。该技术提供了一种将单一的 RGB-D 图像转换成 3D 照片的方法，使用具有明确像素连通性的分层深度图像作为底层表示，并提出了一个基于学习的绘画模型，该模型以空间环境感知的方式迭代地将新的局部颜色和深度内容合成到被遮挡的区域，效果较其他同类方法相比更稳定、更清晰。

综上所述，DepthMap 插件提供了功能强大的工具，可以方便地创建深度图和 3D 立体图像。使用该插件，用户可以生成逼真的深度图和立体图像，并探索各种创意应用。

8.4.2 安装 DepthMap

作为标准的 Stable Diffusion Automatic1111 的插件，DepthMap 和其他插件的安装方式

类似。切换到 Extensions 选项卡，输入插件的 Git 地址 https://github.com/thygate/stable-diffusion-WebUI-depthmap-script，安装完毕后重启 Web UI 便可看到 DepthMap 插件的选项卡，如图 8-19 所示。

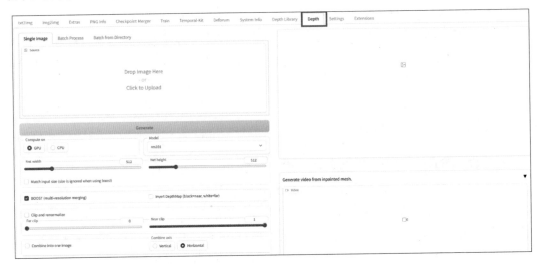

图 8-19 DepthMap 插件的选项卡

8.4.3 相关参数介绍

DepthMap 的相关参数介绍如下：

- BOOST：勾选 BOOST 将启用 BoostingMonocularDepth 实现多分辨率合并，并将显著改善结果。启用时，净尺寸被忽略。模型最好是选择 res101。

- Clip and renormalize：剪切和重归一化，允许在近处和远处剪切深度图，中间的值将被重归一化以适应可用范围。将这两个值设置为相等，以获得该值的单个深度平面的黑白蒙版。这个选项在 16 位深度图上工作，允许 1000 个步骤来选择剪辑值。

- Invert DepthMap：反转深度图，启用时将导致深度图的近处为黑色，远处为白色。

- Number of frames：帧数。

- Framerate：帧速率。

- Format：输出格式，支持 MP4 和 WEBM 两种格式。

- SSAA：超级采样抗锯齿，可以用来摆脱锯齿状的边缘和闪烁。

- Trajectory：轨迹，有 3 种轨迹可供选择，straight-line（直线）、double-straight-line（双直线）和 circle 圆形（见图 8-20），轨迹可以在三维空间中进行转换，可以决定镜头运动的方向。

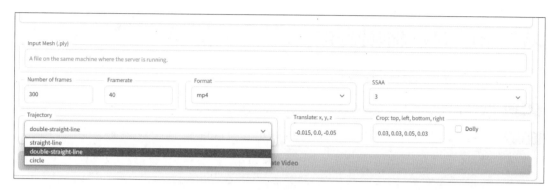

图 8-20 Trajectory 选项

- Dolly：通过 Dolly 选项可以调整 FOV，因此中心主体需保持大致相同的尺寸。
- Dolly Zoom：滑动变焦，是指摄像机向目标对象移动并同时将其缩小的视觉效果。

下面以直线变焦 Zoom in 为例来看一下效果，如图 8-21 所示。在 Zoom in 效果中，图像中的特定直线或路径会逐渐放大，使其更加突出和清晰。这种效果可以为观众提供一种身临其境的感觉，仿佛他们正在目睹图像中的景象。

图 8-21 直线变焦 Zoom in 的效果

8.4.4 DepthMap 插件的使用

DepthMap 插件的操作步骤如下：

步骤 01 将需要进行处理的图像拖放到 Image Canvas 区域。

步骤 02 勾选 BOOST（多分辨率合并）和 Generate 3D inpainted mesh（生成 3D 修复网格）选项，如图 8-22 所示。这些选项是确保生成所需效果的关键。

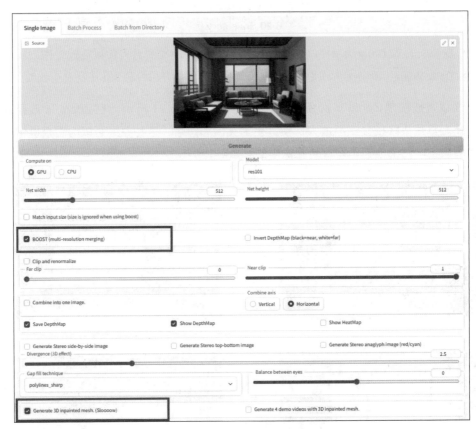

图 8-22 勾选 BOOST 和 Generate 3D inpainted mesh 选项

步骤 03 单击 Generate 按钮，系统开始处理输入的图像并生成 3D Inpaint 网格。注意，这个过程可能会相对较慢，因此需要耐心等待处理完成，以确保生成的 3D Inpaint 网格能够准确反映图像的纹理，并获得期望的效果。处理时间的长短取决于输入图像的大小和复杂度。所有的文件都保存在 extras 目录中。

◆ 8.5 使用 EbSynth 和 TemporalKit 实现高质量丝滑效果

使用 AI 来生成动画，最大的难点是保持背景和人物主题一致稳定，并且画面无频闪发生。本节介绍如何使用 EbSynth 和 TemporaKit 实现高质量丝滑动画的，目前此种方式是当前采用 Stable Diffusion 制作动画视频的最高标准。

8.5.1 安装 TemporKit

在很多情况下，我们通过 txt2img 或者 img2img 的方式创建的视频帧序列会出现屏闪和人物变形的情况，这个时候就可以使用 TemporKit，它是为了增强时间稳定性而创建的插件。

由于 TemporKit 是 Stable Diffusion 的插件，因此可以通过插件的形式进行安装。切换到 Extensions 选项卡，在 Install from URL 里输入 GitHub 的地址 https://github.com/CiaraStrawberry/TemporalKit，然后单击 Install 按钮进行安装，如图 8-23 所示。

图 8-23 安装 TemporKit 插件

稍等片刻后，在已安装的插件列表里就可以找到 TemporKit 插件了，如图 8-24 所示。单击 Apply and restart UI 按钮进行重启，接下来就可以正常使用 TemporKit 插件了。

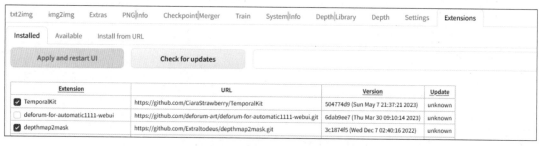

图 8-24 TemporKit 插件已安装完成

8.5.2 使用TemporKit生成关键帧

使用TemporKit生成关键帧的操作步骤如下：

步骤01 切换到TemporKit选项卡，将需要进行转换的视频拖入图8-25的红框内。

图8-25 导入视频

步骤02 设置Sides为1，frames per keyframe为5，fps为24，指定Target Folder的位置为G:\aigc\image\temporKitQutput\0518，单击Batch settings并勾选Batch Run选项，设置Max key frames为250，Border Key Frames为5，如图8-26所示。单击右边的Run按钮生成关键帧。当执行完毕后，会发现Target Folder的input文件夹中多了29幅图像（代表关键帧），如图8-27所示。

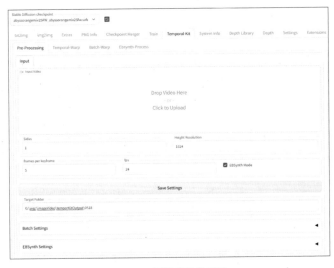

图8-26 相关参数的配置

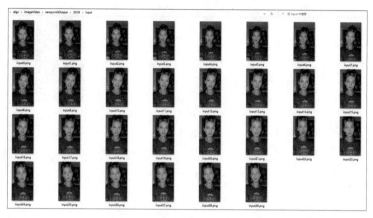

图 8-27 生成的 29 幅关键帧图片

步骤 03 将关键帧图像发送到 img2img 选项卡中，设置 Prompt。

正向提示词：((1 girl with long pink hair)), blurry background, bokeh, depth of field, starry skyline, far from city, alone, fearful, hopeless, magic, magical, fantastic,ambient lighting, dark hue, haze,front view,looking at the viewer（((1 个有着粉色长发的女孩)），模糊的背景，景深效果，星空天际线，远离城市的远方，孤独、害怕、绝望、魔法、神奇、梦幻般的氛围照明，暗色调，雾霾，正面视角，注视着观众）。

反向提示词：lowres,realistic,ultrarealistic,((bad anatomy)),((bad hands)),text,missing finger,extra digits,fewer digits,blurry,((mutated hands and fingers)),(poorly drawn face),((mutation)),((deformed face)),(ugly),((bad proportions)),((extra limbs)),extra face,(double head),(extra head),((extra feet)),monster,logo,cropped,worst quality,jpeg,humpbacked,long body,long neck,((jpeg artifacts)),deleted,old,oldest,((censored)),((bad aesthetic)),(mosaic censoring,bar censor,blur censor),Screenshot,Screenshot,(((text))),((watermark)),signature,low quality,worst quality（低分辨率, 现实主义, 超现实主义,((糟糕的解剖结构)),((糟糕的手部))，文本，缺失手指，额外的数字，较少的数字，模糊不清,((变异的手和手指))，(脸部画得不好看),((突变)),((变形的脸)), （丑陋）,((不协调的比例)),((多余的肢体))，额外的面部特征,（双头）,（额外的头部）,((额外的脚))，怪物，标志，裁剪不良，最差质量，JPEG 格式，驼背的身体，长颈子,((JPEG 图像伪影))，删除的，旧的，最老的,((审查过的)),((糟糕的审美观)), （马赛克审查，酒吧审查，模糊审查），截屏，截图,(((文本))),((水印))，签名，低质量，最差质量）。

步骤 04 调整各个参数的数值。有兴趣的读者可以参考图 8-28 中的设置，Denoising strength 的值会影响图生图的走向，这个值越小，越接近于原图；反之生成的图越有创造性，AI 可能会放飞自我，使得生成的图像与原图无关。

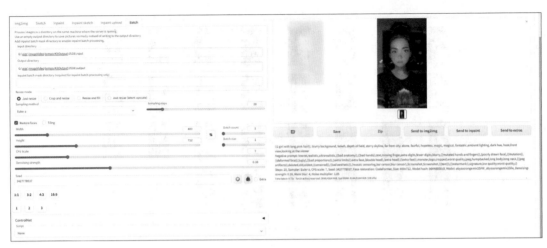

图 8-28 设置参数

步骤 **05** 多次尝试后，找到满意的图像，切换到 img2img 的 Batch 选项卡中，输入 Input directory 和 Output directory 的位置，如图 8-29 所示。单击 Generate 按钮，Stable Diffusion 会为每一个 input 文件夹中的图像生成对应的图像并保存在 output directory 文件夹中。

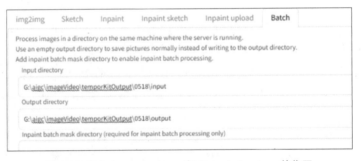

图 8-29 输入 Input directory 和 Output directory 的位置

步骤 **06** 当所有 input 文件夹下的图像都完成了图生图过程后，接下来进行 EbSynth 的环节。首先把图像导出为一个图像序列，然后从图像序列中选择几个帧进行风格化处理。EbSynth 的具体操作在下一节介绍。EbSynth 是一个免费的应用软件，只需要使用一些风格化的关键帧就能将现有的镜头做成动画，它非常适合需要很长时间才能制作完成的手绘动画。

注意，切换到 Temporal-kit 的 Ebsynth-process 选项卡，会看到如图 8-30 所示的界面。

图 8-30 中的 input folder 是输入目录的根目录，即 G:\aigc\imageVideo\temporKitOutput\0518。

图 8-30 Ebsynth-process 选项卡

8.5.3 使用 EbSynth 生成风格化图像序列

EbSynth 的作用是将指定关键帧进行风格化，通过设定关键帧原始图像序列到风格化后的图像序列，程序会自动推断并完成这种风格的转换。在 EbSynth 中选择关键帧存放的目录，并指定视频的输入目录（该目录由 TemporKit 插件生成而来），指定好这两个目录后，会发现它们的映射关系会自动设定好。以图 8-31 为例，从第 0～7 帧指定第 2 帧为关键帧作为参考进行风格的变换，从第 2～12 帧指定第 7 帧为关键帧作为参考进行风格的变换，以此类推。

图 8-31 指定关键帧作为参考进行风格的变换

单击 Run All 按钮后，我们发现多了很多 out* 的文件夹，它们是生成的图像文件夹，其中包含由 EbSynth 生成的风格化转换后的图像，如图 8-32 所示。

当 EbSynth 执行完毕后，切换到 Stable Diffusion，单击 recombine ebsynth 按钮进行视频的合成，如图 8-33 所示。

图 8-32　生成的图像文件夹

图 8-33　单击 recombine ebsynth 按钮进行视频的合成

当我们看到如图 8-34 所示的输出时，就通过 TemporKit 和 EbSynth 完成了视频的合成。

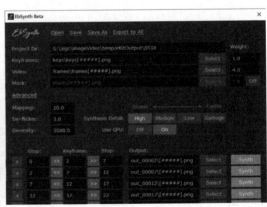

图 8-34　进行输出视频的合成

为了增加视频的稳定性，我们可以在 img2img 图生图的环节中进行 ControlNet 控制，选择 OpenPose 或者 HED 模型加强对原图的贴合度，如图 8-35 所示。

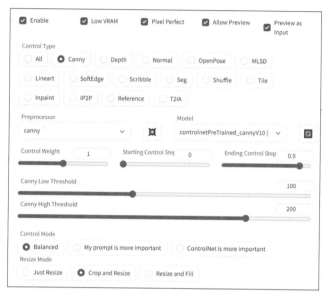

图 8-35 进行 ControlNet 控制

最终生成的视频图像如图 8-36 所示。

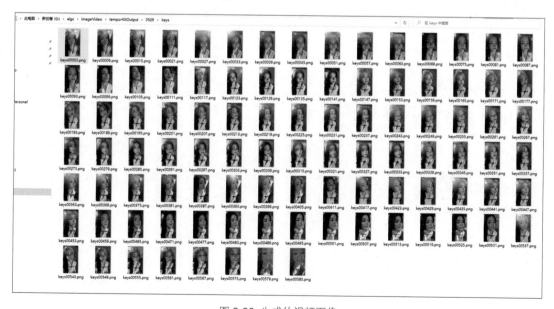

图 8-36 生成的视频图像

8.6 总结

技术的进步使得很多行业之间的壁垒变得模糊，同时也在一定程度上降低了使用的门槛。以动画视频制作为例，传统方式是通过角色建模来设计角色动画或使用逐帧绘制的方式，耗时耗力。现在，通过 Stable Diffusion 中的文生图或图生图方式，结合 ControlNet 对人物姿态或服饰等进行引导，就可以生成大量可控的图像；与此同时，Deform 和 LoopBack Wave 等通过帧数前导提示词来生成动画利器的引入，也为该产业的多样化和高效提供了可能。

8.7 练习

（1）尝试按照书中的步骤使用 Deforum 生成一段动画。

（2）尝试按照书中的步骤使用 LookBack Wave 生成一段动画。

（3）尝试使用 EbSynth 和 TemporalKit 实现高质量的视频风格转换。